高等教育质量工程信息技术系列示范教材

计算机组成原理解题参考

（第6版）

张基温 编著

清华大学出版社

北京

内 容 简 介

本书是《计算机组成原理教程(第 6 版)》主教材的配套用书,并按照主教材的章结构组织。每一章的内容都由如下 4 部分组成:主教材对应章中包含的知识要点、全部习题的解析、自测练习题目和自测练习参考答案。

本书题目丰富、解析详尽,既有知识要点,又有供自测的习题,可以作为高等学校相关专业计算机组成原理课程的参考用书,也可以供准备参加硕士研究生入学考试的考生复习参考。

图书在版编目(CIP)数据

计算机组成原理解题参考/张基温编著. --6 版. --北京:清华大学出版社,2016

高等教育质量工程信息技术系列示范教材

ISBN 978-7-302-42194-8

Ⅰ. ①计…　Ⅱ. ①张…　Ⅲ. ①计算机组成原理-高等学校-题解　Ⅳ. ①TP301-44

中国版本图书馆 CIP 数据核字(2015)第 278903 号

责任编辑:白立军　战晓雷
封面设计:常雪影
责任校对:时翠兰
责任印制:刘海龙

出版发行:清华大学出版社
　　　网　　　址:http://www.tup.com.cn,http://www.wqbook.com
　　　地　　　址:北京清华大学学研大厦 A 座　　　邮　　编:100084
　　　社 总 机:010-62770175　　　邮　　购:010-62786544
　　　投稿与读者服务:010-62776969,c-service@tup.tsinghua.edu.cn
　　　质量反馈:010-62772015,zhiliang@tup.tsinghua.edu.cn
　　　课件下载:http://www.tup.com.cn,010-62795954
印 装 者:北京国马印刷厂
经　　销:全国新华书店
开　　本:185mm×260mm　　　**印　　张:**9.5　　　**字　　数:**223 千字
版　　次:1998 年 9 月第 1 版　2016 年 5 月第 6 版　　　**印　　次:**2016 年 5 月第 1 次印刷
印　　数:1~2000
定　　价:25.00 元

产品编号:066224-01

前　言

我编著的《计算机组成原理教程》(以下简称《教程》)一书,在 1998 年第 1 版出版后,曾经应广大读者要求编写了《计算机组成原理教程题解与实验指导》(以下简称《指导》)一书,由清华大学出版社于 2001 年 1 月出版。之后《教程》几经改版,由于每次改版时修改的内容都比较多,习题也变化较大,不少读者希望能有一本习题解析。但由于我事情繁多,一直没有能满足读者的要求。

2007 年《教程》第 4 版出版之际,孙仲美高级工程师和李爱军教授愿意承担《指导》的改写任务,才使我如释重负。在我们三人的合作下,完成了针对第 4 版的《指导》改写。之后,《教程》又进行了一次改版,但我当时忙于其他事务,没有对《指导》进行修改。此后有很多读者希望提供相应的习题指导。现在,《教程》第 6 版的改写已经完成,在改写时对其结构也进行了一些调整,于是决定腾出时间改写与之配套的习题指导。限于自己的学术水平,不再想用"指导"二字,而采用了"参考"二字。

这次《教程》改版后将分为 7 章,由于第 7 章为未来计算机展望,仅起到扩展知识和激发思考的作用,许多方面尚无确定性结论,所以本书没有包括有关《教程》第 7 章的内容。

考虑到读者的实际需要,本书的每章由 4 部分组成:知识要点、习题解析、自测练习和自测练习参考答案。

在本书即将出版之际,谨向孙仲美高级工程师和李爱军教授深表谢意。因为本书中仍然有他们辛劳的痕迹。在本次修订中,赵忠孝、姚威、史林娟、张展维、戴璐、董兆军、张秋菊、陈觉参加了部分写作,此外山东菏泽学院计算机系的教师刘凤格对第 1 章的修改提出了宝贵意见,在此一并致谢。

本书称为"参考"还有一层意思:许多题目并非只有一种解法,本书中所给出的解答只作为其中一种,还很可能是一种不完美甚至不正确的解答,最多只能算作抛砖引玉。所以读者只可将它们看作一种参考,勿作为"标准"答案。最后,希望广大读者将发现的问题和改进意见毫无保留地反馈给我们,以便本书不断修改改进。

张基温

2015 年 10 月

目　　录

第1章 计算机系统结构概述

1.1 知 识 要 点

本章是全书的概述,内容主要包括如下 5 个方面:
(1) 自动计算机的形成轨迹。
(2) 现代计算机的体系结构。
(3) 现代电子数字计算机硬件的基本工作原理。
(4) 现代计算机系统的层次结构。
(5) 计算机系统的主要性能指标。

1.1.1 自动计算机的形成轨迹

今天,电子计算机已经无处不在、无所不能。之所以如此,是因为它是一种可以自动工作的机器。这种自动工作机制的形成是沿着如图 1.1 所示的 4 条轨迹发展而来的:
(1) 从外程序控制到内程序控制。
(2) 从外动力到内动力驱动。
(3) 从十进制到二进制表示。
(4) 从人工管理到程序自动管理。

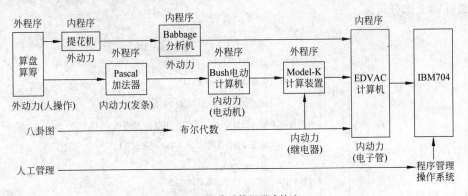

图 1.1 现代计算机形成轨迹

1.1.2 现代计算机体系结构

1. 冯·诺依曼型计算机体系结构

1943 年,美国陆军部为了计算导弹飞行轨迹,启动了 ENIAC 项目。这个项目由宾夕法尼亚大学的 Mauchly 教授和他的学生 Ecken 承担。这个项目的实施引起了美籍匈牙利科学家冯·诺依曼(John von Neumann, 1903—1957)的关注。冯·诺依曼仔细研究了

ENIAC 的结构,并对 ENIAC 的设计提出了建议。1944 年 8 月他加入莫尔计算机研制小组。1945 年 3 月他在共同讨论的基础上提出了一个全新的存储程序通用电子计算机——EDVAC(Electronic Discrete Variable Automatic Computer,电子离散自动计算机)方案。1952 年 1 月,EDVAC 问世。这台计算机总共采用了 2300 个电子管,运算速度却比拥有18000 个电子管的 ENIAC 提高了 10 倍。

1954 年 6 月,冯·诺依曼回到普林斯顿大学高级研究所工作。在那里,他进一步总结了 EDVAC 的设计思想,归纳了前人关于计算机的有关理论,发表了《电子计算装置逻辑结构初探》的报告,提出了关于计算机结构的设计思想。

冯·诺依曼结构也称普林斯顿结构,其主要特点如下:

(1) 使用单一的处理部件来完成计算、存储以及通信的工作。

(2) 存储单元是定长的线性组织。

(3) 存储空间的单元是直接寻址的。

(4) 使用低级机器语言,指令通过操作码来完成简单的操作。

(5) 对计算进行集中的顺序控制。

(6) 计算机硬件系统由运算器、存储器、控制器、输入设备、输出设备五大部件组成。

(7) 采用二进制形式表示数据和指令。

(8) 在执行程序和处理数据时必须将程序和数据从外存储器装入主存储器中,然后才能使计算机在工作时能够自动地从存储器中取出指令并加以执行。

2. 计算机系统的模块结构

图 1.2 为组成一个完整的计算机系统的软硬件模块结构。可以看出,计算机系统由硬件和软件两大部分组成。

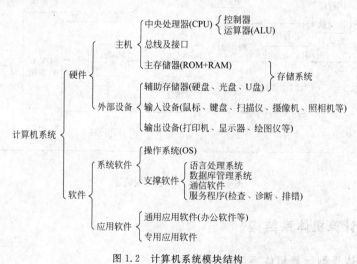

图 1.2 计算机系统模块结构

3. 现代计算机系统的层次结构

图 1.3 表明现代计算机系统的 6 层结构,其最底层是由逻辑门组成的逻辑电路,称为数

字逻辑层,它组成了计算机系统的物理机器,计算机的全部功能都是建立在此物理机器之上的。

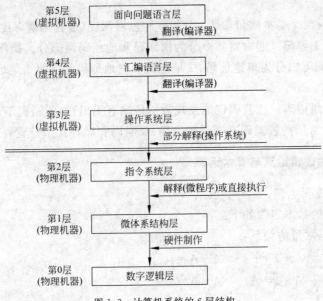

图 1.3 计算机系统的 6 层结构

1.1.3 电子数字计算机硬件工作原理

电子数字计算机硬件部分的工作原理主要涉及如下 5 个部分:

(1) 信息的 0、1 码表示方法。

(2) 运算器工作原理。

(3) 存储器基本原理。

(4) 控制器工作原理。

(5) 时序控制。

1. 信息的 0、1 码表示方法

信息的 0、1 编码包括如下内容:

(1) 数值数据的 0、1 编码。主要涉及以下知识:

- 十进制数与二进制数之间的相互转换。
- 二进制数的计算规则。
- 解决符号位参加计算的问题:将 0、1 编码的机器码分为原码、反码、补码和移码。

(2) 字符数据的 0、1 编码。从字符的输入到存储再到输出,涉及 3 种编码:

- 外码(主要指汉字的输入编码,如字形码、拼音码、流水码以及组合)。
- 内码,如 ASCII 码、Unicode、GB 2312—1980 码和 GB 2312—1990 码等。
- 字库。

(3) 声音的 0、1 编码。主要涉及模拟值的离散化处理,即采样和量化,并用两个技术参数——采样频率和量化精度来衡量。

（4）图像的0、1编码。主要有两种手段：

- 矢量法。
- 位图法。有两个基本质量参数：分辨率和色彩深度（也称像素深度和位分辨率）。

（5）指令的0、1编码。通常将指令分为操作码和地址码两部分。操作码的位数决定了指令的多少，地址码可以分为单地址码、二地址码和三地址码等。每个地址码的位数决定了可寻址空间的大小。

（6）校验码与纠错码。校验码仅能发现数据传输有无出错，纠错码不仅可以发现错误，还可以纠正错误。常用的校验码有奇偶校验码、汉明码和循环冗余校验码(CRC)。

2. 开关电路的逻辑运算与算术运算

（1）3种基本逻辑电路：“与”、“或”、“非”。

（2）逻辑代数的基本定律如下：

① 关于变量与常量的关系：

$$A+0=A \qquad A+1=1 \qquad A+\overline{A}=1$$
$$A \cdot 0=0 \qquad A \cdot 1=A \qquad A \cdot \overline{A}=0$$

② 重复律：

$$A \cdot A=A \qquad A+A=A$$

③ 吸收律：

$$A+A \cdot B=A \qquad A \cdot (A+B)=A$$

④ 分配律：

$$A(B+C)=A \cdot B+A \cdot C \qquad A+B \cdot C=(A+B) \cdot (A+C)$$

⑤ 交换律：

$$A+B=B+A \qquad A \cdot B=B \cdot A$$

⑥ 结合律：

$$(A+B)+C=A+(B+C) \qquad (A \cdot B) \cdot C=A \cdot (B \cdot C)$$

⑦ 反演律：

$$\overline{A \cdot B \cdot C \cdot \cdots}=\overline{A}+\overline{B}+\overline{C}+\cdots \qquad \overline{A+B+C+\cdots}=\overline{A} \cdot \overline{B} \cdot \overline{C} \cdot \cdots$$

（3）一位加法电路——全加器。

如表1.1所示，加法运算时某一位相加需要有下列5个变量：

输入：被加数 X_i、加数 Y_i、低位进位 C_{i-1}。

输出：本位进位 C_i、本位全和 S_i。

表 1.1　全加器的真值表

X_i	Y_i	C_{i-1}	C_i	S_i	X_i	Y_i	C_{i-1}	C_i	S_i
0	0	0	0	0	1	0	0	0	1
0	0	1	0	1	1	0	1	1	0
0	1	0	0	1	1	1	0	1	0
0	1	1	1	0	1	1	1	1	1

在真值表中,将函数值(C_i 或 S_i)为 1 的各参数(X_i,Y_i,C_{i-1})的"与"项相"或",就组成了与该函数的逻辑表达式。如全加器的本位和有 4 项,全加器的本位进位也有 4 项,即有

$$S_i = \overline{X}_i \cdot \overline{Y}_i \cdot C_{i-1} + \overline{X}_i \cdot Y_i \cdot \overline{C}_{i-1} + X_i \cdot \overline{Y}_i \cdot \overline{C}_{i-1} + X_i \cdot Y_i \cdot C_{i-1}$$
$$= X_i \oplus Y_i \oplus C_{i-1}$$
$$C_i = \overline{X}_i \cdot Y_i \cdot C_{i-1} + X_i \cdot \overline{Y}_i \cdot C_{i-1} + X_i \cdot Y_i \cdot \overline{C}_{i-1} + X_i \cdot Y_i \cdot C_{i-1}$$
$$= X_i \cdot Y_i + (X_i \oplus Y_i) \cdot C_{i-1}$$

由这两个表达式很容易得到相应的组合逻辑电路,如图 1.4(a)所示,并且可以用图 1.4(b)所示的逻辑符号表示。

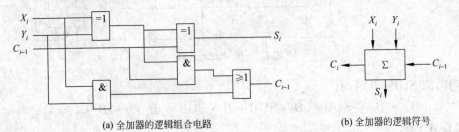

(a) 全加器的逻辑组合电路　　　　　　　　(b) 全加器的逻辑符号

图 1.4　全加器的逻辑组合电路及其符号

实质上,全加器是完成 3 个 1 位数相加、具有两个输出端的逻辑电路。对应于输入端的不同值,将在两个输出端上输出相应的值。

(4) 串行加法电路。

串行运算加法器如图 1.5 所示。

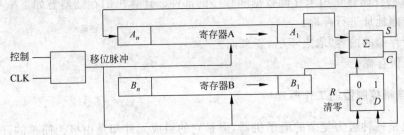

图 1.5　串行运算加法器

(5) 并行加法电路。

两个 n 位二进制数各位同时相加称为并行加法。图 1.6 为 n 位并行加法电路,它由 n 个全加器所组成。运算时由两个寄存器送来 n 位数据,分别在 n 个全加器中按位对应相加;每个全加器得出的进位依次向高一位传送,从而得出每位的全加和。最后一个进位

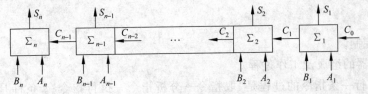

图 1.6　n 位并行加法器

C_n 为计算机工作进行判断提供了一个测试标态,在某些情况下(如多字节运算)还可以作为运算的一个数据。

(6) 加/减法电路。

在并行加法器前加一级异或门就可以组成加/减法运算器,如图 1.7 所示。

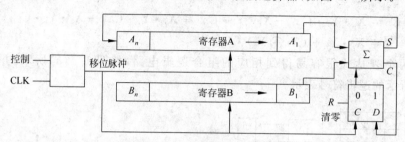

图 1.7 加/减法运算器

这样,当 SUB=0 时,有
$$B'_i = B_i \oplus SUB = \overline{B_i} \cdot SUB + B_i \cdot \overline{SUB} = \overline{B_i} \cdot 0 + B_i \cdot 1 = B_i$$
进行的是 $A+B$。

当 SUB=1 时,有
$$B'_i = B_i \oplus SUB = \overline{B_i} \cdot SUB + B_i \cdot SUB = \overline{B_i} \cdot 1 + B_i \cdot 0 = \overline{B_i}$$
进行的是 $A-B$。

3. 计算机存储器的特点

计算机的存储器是用来存储数据和程序的部件。计算机的存储器有如下一些特点:
(1) 按照地址进行存取。
(2) 所存储的内容"取之不尽,新来旧去"。
(3) 分级存储。

4. 计算机控制器的工作原理

计算机是一种极为复杂的电子机器,但是它的组成元件却是由极为简单的开关,不过这些开关是电子的。计算机中所有的信息都是由开关状态的组合表示。由于每个开关只有两种状态,所以开关状态的组合称为 0、1 编码。这一部分介绍了数值数据、字符(包括汉字)数据、图像数据、声音数据和指令的 0、1 编码方法。由此也可以得出一个结论:所有信息都可以用 0、1 进行编码。

(1) 控制器的功能如下:
• 定序。
• 定时。
• 操作控制。
(2) 控制器的组成及工作过程。

控制器执行一条指令的过程是"取指令—分析指令—执行指令"。条件是先将程序(指令码和数据)存储到(内)存储器中。控制器工作时,用程序计数器(也称为指令计数器)控制取指令的过程,取出的指令送入指令寄存器,然后送指令部件分析,产生控制信号,控制有关部件产生相应的动作。

5. 计算机工作的时序控制

1) 指令周期

指令周期也称取出-执行周期(fetch-and-execute cycle),指 CPU 从主存中读取一条指令到指令执行结束的时间,或者说,指令周期是可以细化为由"送指令地址—指令计数器(PC)加 1—指令译码—取操作数—执行操作"等微操作组成的详细过程。由于每种指令的复杂程度不同,其包含的微操作内容不同,所需的指令周期的长短也不相同。

2) CPU 周期

一条指令所包含的微操作之间具有顺序依赖关系。为了正确地执行指令,还需要将指令周期进一步划分为一些子周期——CPU 工作周期(也称工作周期、CPU 周期或机器周期),把一条指令包含的微操作分配在不同的 CPU 周期中。

图 1.8 描述了一个普通指令的 CPU 周期划分情况,它包含了 3 个 CPU 周期。

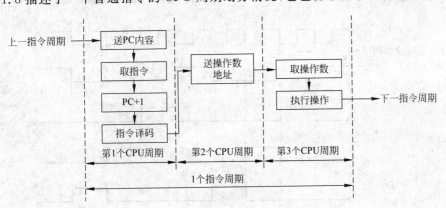

图 1.8　指令周期的 CPU 周期划分

第 1 个 CPU 周期为取指周期,要完成 3 件事:
- 送 PC 内容(当前指令地址)到存储器的地址缓存,从内存中取出指令。
- 指令计数器加 1,为取下一条指令做准备。
- 对指令操作码进行译码或测试,以确定执行哪一些微操作。

第 2 个 CPU 周期将操作数地址送往地址寄存器并完成地址译码。第 3 个 CPU 周期取出操作数并进行运算。

图 1.9 描述了一个转移指令的 CPU 周期划分情况,它只包含了两个 CPU 周期:第 1 个 CPU 周期为取指周期;第 2 个 CPU 周期则是向 PC 中送一个目标地址,指出将要执行的指令的地址,使下一条要执行的指令不再是本指令的下一条指令。

从这两个例子可以看出,不同的指令所包含的 CPU 周期是不同的。

3) CPU 的时序信号体系

计算机是一个高速的复杂系统,为了能让各部件有条不紊地协调工作,需要让指令所包含的微操作在准确的时刻开始操作,并在这些操作信号稳定后才可以发出后续操作信号。

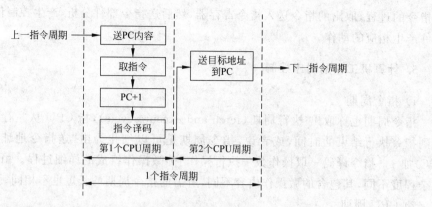

图 1.9 转移指令的 CPU 周期划分

为此,系统需要提供一套时序信号进行微操作时序的控制。这套时序信号一般由图 1.10 所示的时钟脉冲、时钟节拍信号组成。每个时钟周期形成一个节拍,一个 CPU 周期包含了多个节拍。每个微操作在规定的节拍中完成,就可以保证整个系统协调工作。

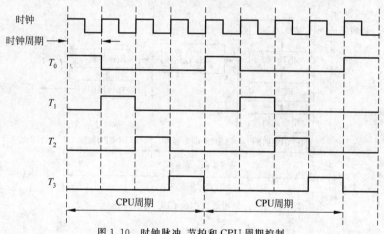

图 1.10 时钟脉冲、节拍和 CPU 周期控制

1.1.4 计算机系统的主要性能指标

全面衡量一台计算机的性能要考虑多种指标。下面是几种主要的性能指标。

1. 运算速度

运算速度是衡量计算机性能的一项重要指标。通常所说的计算机运算速度(平均运算速度),是指每秒钟所能执行的指令条数。但是,同一台计算机的不同指令所需的执行时间是不同的。常用方法如下:

- 统计方法。
- 标量机(执行一条指令,只得到一个运算结果)使用 MIPS(Millions of Instruction Per Second,百万条指令/秒)。

- 针对向量机用 MFLOPS(Million Floating Point Operations Per Second,百万次浮点运算/秒)。

MFLOPS 和 MIPS 两个衡量值之间的量值关系没有统一标准,一般认为在标量计算机中执行一次浮点运算需要 2～5 条指令,平均约需 3 条指令,故有 1MFLOPS≈3MIPS。

影响运算速度的主要因素有两个:

(1) CPU 的工作频率——主频。显然,主频越高,计算机的运算速度就越高。

(2) CPU 的数量。显然,有多个 CPU 同时执行指令,也会大大提高计算机的运算速度。

2. 机器字长

机器字长指计算机(主要是 CPU)一次所能处理的位数。CPU 字长越长,所处理的数据的精度越高。字长的单位可以是位(b),也可以是字节(B)。目前微型计算机的字长已经从 8b(1B)、16b(2B)、32b(4B)发展到 64b(8B)等。

3. 存储容量

存储系统用于存放计算机工作时需要的指令和数据(包括数值型数据、字符型数据以及图像、声音数据等)。现代计算机的存储系统分为高速缓存、主存储器和辅助存储器 3 级。一个程序执行前,程序和它要执行的数据都存放在辅助存储器中。程序开始执行,程序会被调入内存,对于大型程序要一段一段地调入内存执行。程序在执行过程中,数据按照程序的需要被调入内存。为了提高程序执行的速度,还要不断把 CPU 当前要使用的程序段和数据部分调入高速缓存执行。显然,计算机的性能与高速缓存、主存储器和辅助存储器的大小都有关,当然它们的容量越大,计算机的处理能力就越强。例如,我国的“天河二号”巨型机的存储总容量达 12.4PB(千万亿字节),内存容量达 1.4PB。

4. 带宽均衡性

计算机的工作过程就是信息流(数据流和指令流)在有关部件中流通的过程。因此,计算机最重要的性能指标——运算速度,也常用带宽——数据流的最大速度和指令的最大吞吐量来衡量。

按照“木桶”原理,整体的性能取决于最差环节的性能。在组成计算机的众多部件中,每一种部件都有可能成为影响带宽的环节,例如:

- 存储器的存取周期。
- 处理器的指令吞吐量。
- 外部设备的处理速度。
- 接口(计算机与外部设备的通信口)的转接速度。
- 总线的带宽。

为了提高系统的整体性能,不仅要考虑元器件的性能,更要注意系统体系结构所造成的吞吐量和“瓶颈”环节对性能的影响。

5. 可靠性、可用性和 RASIS 特性

可靠性和可用性用下面的指标评价：

MTBF(Mean Time Between Failure,平均故障间隔)指可维修产品的相邻两次故障之间的平均工作时间,单位为小时。它反映了产品的时间质量,是体现产品在规定时间内保持功能的一种能力。MTBF 越长,表示可靠性越高,正确工作能力越强。计算机产品的 MTBF 一般不低于 4000h,磁盘阵列产品一般 MTBF 不能低于 50000h。

MTTR(Mean Time To Restoration,平均恢复前时间)指从出现故障到系统恢复所需的时间。它包括确认失效发生所必需的时间和维护所需要的时间,也包含获得配件的时间、维修团队的响应时间、记录所有任务的时间,以及将设备重新投入使用的时间。MTTR 越短,表示易恢复性越好,系统的可用性就越好。

MTTF(Mean Time To Failure,平均无故障时间)也称平均失效前时间,即系统平均正常运行的时间。系统的可靠性越高,平均无故障时间越长。显然有

$$MTBF=MTTF+MTTR$$

由于 MTTR≪MTTF,MTBF 近似等于 MTTF。

可靠性(Reliability)和可用性(Availability),加上可维护性(Serviceability)、完整性(Integrality)和安全性(Security)统称 RASIS,它们是衡量一个计算机系统的 5 大性能指标。

6. 效能和环保性

环保性是指对人或对环境的污染大小,如辐射、噪声、耗电量、废弃物的可处理性等。效能主要指计算机的能源效率,它是环保性的一部分。目前,对于 CPU 的效能已经提出两个指标：EPI(Energy Per Instruction,每指令耗能)和每瓦效能的概念。EPI 越高,CPU 的能源效率就越差。表 1.2 为 Intel 公司在一份研究报告对其生产的一些 CPU 进行 EPI 对比的情况。

表 1.2 Intel 公司的一些 CPU 的 EPI 对比

CPU 名称	相对性能	相对功率	等效 EPI/nJ
i486	1	1	10
Pentium	2	2.7	14
Pentium Pro	3.6	9	24
Pentium 4(Willanmete)	6	23	38
Pentium 4(Cedamill)	7.9	38	48
Pentium M(Dothan)	5.4	7	15
Core Duo(Yonah)	7.7	8	11

注：表中的等效 EPI 是折算为 65nm 工艺,电压 1.33V 的数据。

7. 用户友好性

用户友好性指计算机可以提供适合人体工程学原理、使用起来舒适的界面。例如,显示器的分辨率、色彩的真实性、画面的大小,键盘的角度、键的位置,鼠标的形状,界面是字符界

面、图形界面还是多媒体界面,计算机使用过程的交互性、简便性等,都是影响友好性的重要指标。

8. 性能价格比

性能指的是综合性能,包括硬件、软件的各种性能。价格指整个系统的价格,包括硬件和软件的价格。性能价格比越高越好。

9. 其他

衡量计算机性能的基他指标包括计算机系统的汉字处理能力、网络功能、外部设备的配置、系统的可扩充能力、系统软件的配置情况等。

1.2 习 题 解 析

1.1 在电气时代之前,有可能制造成功自动工作的计算机吗?

参考答案:自动工作的计算机有 3 个条件:一是具有内动力,二是要能记忆程序并自动执行控制,三是在工作过程中能进行自我管理。

从第一个条件看,显然不能使用蒸汽机、内燃机作为内动力,否则机器就太庞大了。因此,计算机的内动力只有到了电气时代以后才有可能。但是实现了这个条件只能做到自己"动",还不能正常进行一件有目的的工作。

从第二个条件看,为了记忆程序(当然也要记忆计算使用的数据),就需要相应的存储技术。进入电气时代,记忆技术、控制技术和内动力才开始协调、统一。更是到了电子时代,这些技术进一步融合,才使自动计算技术得以大步向前推进。

但是,前两个条件满足,只能实现计算过程,甚至只是部分计算过程的自动化。如果没有计算过程的自我管理,计算机还离不开人的干预,也只能进行简单计算。这个问题直到操作系统出现才开始解决。而计算机工作的完全自动化还要借助人工智能技术的应用。

1.2 按照冯·诺依曼原理,现代计算机应具备哪些功能?

解:冯·诺依曼计算机应包含以下几个部分:输入输出设备、中央处理部件和存储记忆部件。输入输出设备的主要作用是接收用户提供的外部信息或向用户提供输出信息,如通过键盘把用户的原始数据和程序输入到计算机中,通过显示器、打印机把计算机的执行结果提供给用户。中央处理部件是计算机的核心部件,它主要用来完成对用户提交的任务进行控制和处理。中央处理单元本身又由运算部件和控制部件组成。其中运算部件的作用是用来进行数据变换和各种运算;控制部件则为计算机的工作提供统一的时钟,对程序中的各基本操作进行时序分配,并发出相应的控制信号,驱动计算机的各部件按照节拍有序地完成程序规定的操作内容。

存储记忆部件是计算机的"储藏室",用来存放程序、数据及运算结果,它与中央处理部件配合使用,使程序的运行能够实现自动化。

1.3 把下列十进制数转换成 8 位二进制数:

17,35,63,75,84,114,127,0.375,0.6875,0.75,0.8

解：十进制整数转换成二进制整数的方法是除以 2 取余；十进制小数转换的方法是乘 2 取整。

(1) 17 按规则除以 2 取余，其转换过程如下：

$$0 \quad \underline{1} \quad \underline{2} \quad \underline{4} \quad \underline{8} \quad \underline{17} \quad \text{连续除以 2}$$
$$1 \quad 0 \quad 0 \quad 0 \quad 1 \quad \text{余数}$$

因此，$17_{(10)} = 00010001_{(2)}$。

同理：

(2) $35_{(10)} = 00100011_{(2)}$

(3) $63_{(10)} = 00111111_{(2)}$

(4) $75_{(10)} = 01001011_{(2)}$

(5) $84_{(10)} = 01010100_{(2)}$

(6) $114_{(10)} = 01110010_{(2)}$

(7) $127_{(10)} = 01111111_{(2)}$

(8) $0.375_{(10)}$ 的转换过程如下：

$$\underline{0}.375 \rightarrow \underline{0}.750 \rightarrow \underline{1}.50 \rightarrow \underline{1}.00 \rightarrow \underline{0}.00 \quad \text{小数部分连续乘 2 取整}$$
$$0. \qquad 0 \qquad 1 \qquad 1$$

因此，$0.375_{(10)} = 0.011_{(2)}$。

同理：

(9) $0.6875_{(10)} = 0.1011_{(2)}$

(10) $0.75_{(10)} = 0.11_{(2)}$

有些数不能精确地转换，可按题意近似转换。

(11) $0.8_{(10)}$ 的转换过程如下：

$$\underline{0}.8 \rightarrow \underline{1}.6 \rightarrow \underline{1}.2 \rightarrow \underline{0}.4 \rightarrow \underline{0}.8 \rightarrow \underline{1}.6 \rightarrow \underline{1}.2 \rightarrow \underline{0}.4 \rightarrow \underline{0}.8 \quad \text{小数部分连续乘 2 取整}$$
$$0. \quad 0 \qquad 1 \qquad 1 \qquad 0 \qquad 0 \qquad 1 \qquad 1 \qquad 0 \qquad 0$$

$$0.11001100 \quad \text{多求一位进行 0 舍 1 入}$$

得 $0.8_{(10)} = 0.1100110_{(2)}$。

1.4 用二进制数表示一个 4 位的十进制数最少需要几位(不考虑符号位)?

解：设需要 n 位二进制，则 $2^n = 10^4$，$n = 4\lg10/\lg2 = 14$，因此至少需要 14 位。即

$$9999_{(10)} = 23417_{(8)} = 10011100001111_{(2)}$$

1.5 将下列各式用二进制进行运算：

(1) $93.5 - 42.75$

(2) $84\frac{9}{32} - 48\frac{3}{10}$

(3) $127 - 63$

(4) 49.5×51.75

(5) 7.75×2.4

解：

(1) 第一步，把十进制数转换成二进制数：

$$93.5_{(10)} = 1011101.1_{(2)} \quad 42.75_{(10)} = 101010.11_{(2)}$$

第二步,做减法,二进制减法规则是借 1 当 2,过程如下:

$$
\begin{array}{r}
1011101.1 \\
- \ \ 101010.11 \\
\hline
110010.11
\end{array}
$$

第三步,把 110010.11 转换成十进制:

$$1 \times 2^5 + 1 \times 2^4 + 1 \times 2^1 + 1 \times 2^{-1} + 1 \times 2^{-2} = 50.75$$

(2) 步骤同上:

$$84\frac{9}{32} - 48\frac{3}{10} = 1010100.01001_{(2)} - 110000.010011_{(2)} \approx 35.98_{(10)}$$

(3) 步骤同上:

$$127_{(10)} - 63_{(10)} = 1111111_{(2)} - 111111_{(2)} = 1000000_{(2)} = 64_{(10)}$$

(4) 第一步,把十进制数转换成二进制数:

$$49.5_{(10)} = 110001.1_{(2)} \quad 51.75_{(10)} = 110011.11_{(2)}$$

第二步,两数相乘,其规则是 $1 \times 1 = 1, 1 \times 0 = 0, 0 \times 1 = 0, 0 \times 0 = 0$,乘法步骤与十进制相似。

$$
\begin{array}{r}
110001.1 \\
\times \ 110011.11 \\
\hline
1100011 \\
1100011 \\
1100011 \\
1100011 \\
0000000 \\
0000000 \\
1100011 \\
+ 1100011 \\
\hline
1010000000001.101
\end{array}
$$

第三步,把结果转换成十进制数:

$$101000000001.101_{(2)} = 1 \times 2^{11} + 1 \times 2^9 + 1 \times 2^0 + 1 \times 2^{-1} + 1 \times 2^{-1} = 2561.625_{(10)}$$

(5) 步骤同上:

$$7.75_{(10)} \times 2.4_{(10)} = 111.11_{(2)} \times 10.011_{(2)} = 10010.01101_{(2)} = 18.406_{(10)}$$

1.6 将下列十六进制数转换为十进制数:

(1) $BCDE_{(16)}$ (2) $7E8F_{(16)}$ (3) $EF_{(16)}$ (4) $8C_{(16)}$

解:

(1) 其他进制转换成十进制数的规则是:以当前进制按权展开,用十进制的乘法和加法进行运算,和的结果就是此数对应的十进制数(十六进制数权为 16)。

$$
\begin{aligned}
BCDE_{(10)} &= 11 \times 16^3 + 12 \times 16^2 + 13 \times 16^1 + 14 \times 16^0 \\
&= 45056 + 3072 + 208 + 14 \\
&= 48350_{(10)}
\end{aligned}
$$

同理：

（2）$7E8F_{(16)} = 32399_{(10)}$

（3）$EF_{(16)} = 239_{(10)}$

（4）$8C_{(16)} = 140_{(10)}$

1.7 下列第一组中最小数是 __(1)__ ，第二组中最大数是 __(2)__ 。将十进制数 215 转换成二进制数是 __(3)__ ，转换成八进制数是 __(4)__ ，转换成十六进制数是 __(5)__ 。将二进制数 01100100 转换成十进制数是 __(6)__ ，转换成八进制数是 __(7)__ ，转换成十六进制数是 __(8)__ 。

（1）A. $11011001_{(2)}$ B. $75_{(10)}$ C. $37_{(8)}$ D. $2A7_{(16)}$

（2）A. $227_{(8)}$ B. $1FF_{(16)}$ C. $10100001_{(2)}$ D. $1789_{(10)}$

（3）A. $11101011_{(2)}$ B. $11101010_{(2)}$ C. $11010111_{(2)}$ D. $11010110_{(2)}$

（4）A. $327_{(8)}$ B. $268.75_{(8)}$ C. $352_{(8)}$ D. $326_{(8)}$

（5）A. $137_{(16)}$ B. $C6_{(16)}$ C. $D7_{(16)}$ D. $EA_{(16)}$

（6）A. $011_{(10)}$ B. $100_{(10)}$ C. $010_{(10)}$ D. $99_{(10)}$

（7）A. $123_{(8)}$ B. $144_{(8)}$ C. $80_{(8)}$ D. $800_{(8)}$

（8）A. $64_{(16)}$ B. $63_{(16)}$ C. $100_{(16)}$ D. $0AD_{(16)}$

解：

（1）选 C。37 从绝对数值上讲比 75、2A7 都小，并且它是基数最小的，因此，只有选项 A 的数据需要与其比较，因 $37_{(8)} = 11111_{(2)}$，比 A 中的数据小，所以，此题只能选 C。

（2）选 D。在选择最大数时，先考虑绝对数字大的，B 和 D 两个选项中产生一个最大数，1FF 的十进制表达为 611，因此最后比较的结果 D 为最大。

（3）选 C。根据规则，整数除以 2 取余，得 $215_{(10)} = 11010111_{(2)}$。

（4）选 A。二进制数向八进制数转换的规则是：从小数点位置分别向左、向右每 3 位为一组，转换成对应的十进制数，即 327。

（5）选 C。二进制数向十六进制数转换的规则是：从小数点位置分别向左、向右每 4 位为一组，转换成对应的十六进制数，为 D7。

（6）选 B。此项选择在做完（7）和（8）小题后更易得出结果。

（7）选 B。

（8）选 A。

1.8 已知：$[X]_\text{补} = 11101011$；$[Y]_\text{补} = 01001010$，则 $[X-Y]_\text{补} = $ _____ 。

A. 10100001   B. 11011111   C. 10100000   D. 溢出

解：选 A。$[X-Y]_\text{补} = [X]_\text{补} + [-Y]_\text{补} = 11101011 + 10110110 = 10100001$。

此题应考虑两个问题：一是由 $[Y]_\text{补}$ 如何得到 $[-Y]_\text{补}$，其规则是 $[-Y]_\text{补}$ 是把 $[Y]_\text{补}$ 连同符号位求反，在最末位加 1；二是两数相加可能溢出，判别溢出的方法是可使用双符号位相加，若两符号位相同，则不溢出，否则溢出。

1.9 在一个 8 位二进制的机器中，补码表示的整数范围是从 __(1)__ （小）到 __(2)__ （大）。这两个数在机器中的补码表示为 __(3)__ （小）到 __(4)__ （大）。数 0 的补码为 __(5)__ 。

解：在 8 位字长的机器中，补码表示数据用一位表示符号，7 位表示数值，故 8 位补码所能表示的最小的整数为 10000000＝－128，最大整数为 01111111＝2^7-1，因此空(1)、(2)、(3)、(4)的答案分别是－128、2^7-1、10000000 和 01111111。在补码中 0 的表示是唯一的，即 00000000。

1.10　对于二进制码 10000000，若其值为 0，则它是用　(1)　表示的；若其值为－128，则它是用　(2)　表示的；若其值为－127，则它是用　(3)　表示的；若其值为－0，则它是用　(4)　表示的。

　　　　A. 原码　　　　　　　B. 反码　　　　　　　C. 补码　　　　　　　D. 阶码

解：(1) 选择 A　　　　　(2) 选择 C　　　　　(3) 选择 B　　　　　(4) 选择 A

1.11　把下列各数转换成 8 位二进制数补码：

$$+1,-1,+2,-2,+4,-4,+8,-8,+19,-19,+75,-56,+37,-48$$

解：求补码的规则是：正数的补码是其本身，符号位为 0；负数的补码是：符号位置 1，其余数字部分求反，最后一位加 1。上述数据转换后如表 1.3 所示。

表 1.3　各真值转换后的原码、补码值

真值	原　码	补　码	真值	原　码	补　码
＋1	00000001	00000001	－8	10001000	11111000
－1	10000001	11111111	＋19	00010011	00010011
＋2	00000010	00000010	－19	10010011	11101101
－2	10000010	11111110	＋75	01001011	01001011
＋4	00000100	00000100	－56	10111000	11001000
－4	10000100	11111100	＋37	00100101	00100101
＋8	00001000	00001000	－48	10110000	11010000

1.12　某机器字长 16 位，请分别给出其用原码、反码、补码所能表示的数的范围。

解：它们所能表示的最大范围如表 1.4 所示。

表 1.4　16 位机器各种码表示的数的最大范围

表示范围	原　码	反　码	补　码
最大值	$2^{15}-1=32767$	$2^{15}-1=32767$	$2^{15}-1=32767$
最小值	$-(2^{15}-1)=-32767$	$-(2^{15}-1)=-32767$	$-2^{15}=-32768$

补码的表示数的范围比其他两种表示范围大 1。

1.13　十进制数 0.7109375 转换成二进制数是　(1)　，浮点数的阶码可用补码或移码表示，数的表示范围是　(2)　；在浮点表示方法中　(3)　是隐含的，用 8 位补码表示整数－126 的机器码算术右移一位后的结果是　(4)　。

　　(1) A. 0.1011001　　　　B. 0.0100111　　　　C. 0.1011011　　　　D. 0.1010011

　　(2) A. 二者相同　　　　B. 前者大于后者　　　C. 前者小于后者　　　D. 前者是后者 2 倍

　　(3) A. 位数　　　　　　B. 基数　　　　　　　C. 阶码　　　　　　　D. 尾数

　　(4) A. 10000001　　　　B. 01000001　　　　C. 11000001　　　　D. 11000010

解：选择结果为：(1)C，(2)A，(3)B，(4)C。其中(4)，补码在算术右移时应同符号位一起右移，符号位保持原状。

1.14 将十进制数 15/2 及 −0.3125 表示成二进制浮点规格化数（阶符 1 位，阶码 2 位，数符 1 位，尾数 4 位）。

解：

(1) $15/2 = 111.1_{(2)}$，表示成规格化数，若阶码与尾数均用原码表示，则它可被表示为 0.1111×2^{011}，在机器中可写为 01101111。

(2) $-0.3125_{(10)} = -0.0101_{(2)}$，根据上述同样的假设，则被表示为 1.1010×2^{101}，在机器中可写为 10111010。

1.15 试按 IEEE 754 标准格式表示下列各数：

178.125，123 456 789，12 345，1 234 567 890，12 345 678 901 234 567 890 123 456 789

解：采用 32 位 IEEE 754 标准格式：

S	E	M

S（符号）占 1 位，E（阶码）占 8 位，M（尾数）占 23 位。

178.125 $E = 10000110$ $M = 01100100010000000000000$
123456789 $E = 10011001$ $M = 11010110111100110100010$
12345 $E = 10001100$ $M = 10000001110010000000000$
1234567890 $E = 10011101$ $M = 00100110010110000001010$

12345678901234567890123456789 可采用 64 位 IEEE 754 标准格式。

1.16 从下列叙述中选出正确的句子。

(1) 定点补码运算时，其符号位不参加运算。

(2) 浮点运算可由阶码运算和尾数运算两部分联合实现。

(3) 阶码部分在乘除运算时只进行加减操作。

(4) 尾数部分只进行乘法和除法运算。

(5) 浮点数的正负由阶码的正负符号决定。

(6) 在定点小数一位除法中，为避免溢出，被除数的绝对值一定要小于除数的绝对值。

解：(2)、(3)、(6) 是正确的。

在定点运算中，补码在运算中的一个优点是符号位可以直接参与运算，对符号不需要专门处理。在除法运算中，规定除数不能为 0，被除数绝对值一定要小于除数的绝对值，以防止溢出和错误的结果。在浮点运算中，其运算过程由阶码和尾数两部分联合完成，乘除运算时尾数部分相乘除，进行规格化移位运算，而阶码部分只需做加减运算。

1.17 在定点计算机中，下列说法中错误的是_____。

A. 除补码外，原码和反码都不能表示 −1

B. +0 的原码不等于 −0 的原码

C. +0 的反码不等于 −0 的反码

D. 对于相同的机器字长，补码比原码和反码能多表示一个负数

解：A。例如机器字长为 8b，则对于定点整数来说，有

$$[-1]_原 = 10000001, \quad [-1]_补 = 11111111, \quad [-1]_反 = 1111111$$

所以 A 的说法不对。但是，对于定点小数，A 的说法是正确的。

1.18 设寄存器内容为 11111111，若它等于 +127，则它是一个_____。

A. 原码   B. 补码   C. 反码   D. 移码

解：D。对于偏置值为 2^n 的移码，同一数值的移码和补码除最高位相反外，其他各位相同。即 $[+127]_补 = 01111111$，$[+127]_移 = 11111111$。

1.19 在规格化浮点数表示中，保持其他方面不变，将阶码部分的移码表示改为补码表示，将会使数的表示范围_____。

A. 增大   B. 减少   C. 不变   D. 以上都不是

解：C。因为将阶码部分的移码改为补码，并不会使数的表示范围发生变化，仅仅是阶码的表示形式发生变化。

1.20 某照相机的分辨率设置成 1280×960，采用 4GB 的存储卡。请问可以拍摄多少张真彩色的照片？

解：真彩色的颜色深度为 24。一幅 1280×960 的真彩色图片需要的存储空间为

$$(1228800 \times 24)/8 = 3686400B$$

4GB 存储卡能存储的图片数量为 $4 \times 10^9 \div 3686400 = 1085$ 张。

1.21 用数码照相机拍的照片放到计算机后，有的只能显示照片的局部，有的照片却只占了计算机屏幕上的一个小区间。为什么会这样？什么情况下，用数码相机拍的照片才能正好在计算机上显示一个满屏？

解：若照片的分辨率高于显示器的分辨率，则只能显示照片的局部；若照片的分辨率低于显示器的分辨率，则照片只能占用屏幕上的局部区域；只有二者的水平分辨率和垂直分辨率都相等时，用数码相机拍的照片才能正好在计算机上显示一个满屏。

1.22 对下面的数据块先按行再按列进行奇检验，请指出哪些位出错。

100110110
001101011
110100000
111000000
010011110
101011111

其中，每行的最后一位为检验位，最后一行为检验行。

解：

										行向 1 的个数
1	0	0	1	1	0	1	1	0		5
0	0	1	1	0	1	0	1	1		5
1	1	0	1	0	0	0	0	0		3
1	1	1	0	0	0	0	0	0		3
0	1	0	0	1	1	1	1	0		5
1	0	1	0	1	1	1	1	1		7

列向 1 的个数   4   3   3   3   3   3   3   4   2

可以看出：在列向上检出 3 处错。行向无检出错，可以确定在第 1 位、第 8 位和校验位上出错，但无法判定是哪个字上的数据错，数据错是在同一字中。

1.23　若计算机准备传送的有效信息为 1010110010001111，生成多项式为 CRC-12，请为其写出 CRC 码。

解：首先，生成多项式为 $\text{CRC}^{12} = X^{12} + X^{11} + X^3 + X^2 + X + 1$，也可写为 $\text{CRC}^{12} = 1100000001111$，设校验码为 K 位，则 $K = 12$，信息位的多项式为 $X = 1010110010001111000000000000$。

然后，做模 2 除法：

```
                              1100100010001000
1100000001111 / 1010110010001111000000000000
                1100000001111
                1101100111101
                1100000001111
                0011001100101
                0000000000000
                0110011001011
                0000000000000
                1100110010110
                1100000001111
                0001100110010
                0000000000000
                0011001100100
                0000000000000
                0110011001000
                0000000000000
                1100110010000
                1100000001111
                0001100111110
                0000000000000
                0011001111100
                0000000000000
                0110011111000
                0000000000000
                1100111110000
                1100000001111
                0001111111110
                0000000000000
                0011111111100
                0000000000000
                0111111111000
                0000000000000
                111111111000
```

得到的余数为 111111111000，则其 CRC 码为 10101100100011111111111111000。

1.24　画出下列函数的真值表。

(1) $f(A,B,C)=A \cdot B+\overline{B} \cdot C$

(2) $f(A,B,C)=A+\overline{B}+C$

解：函数的真值表如表 1.5 所示。

表 1.5　函数的真值表

A	B	C	$A \cdot B+\overline{B} \cdot C$	$A+\overline{B}+C$	A	B	C	$A \cdot B+\overline{B} \cdot C$	$A+\overline{B}+C$
0	0	0	0	1	1	0	0	0	1
0	0	1	1	1	1	0	1	1	1
0	1	0	0	0	1	1	0	1	1
0	1	1	0	1	1	1	1	1	1

1.25　试用 3 种基本门组成下列逻辑电路：

(1) 异或门　　(2) 同或门　　(3) 与非门　　(4) 或非门

解：

(1) 异或门。异或指两个输入信号不同时输出为 1，相同时输出为 0。设输入为 A、B，输出为 F，其真值表为表 1.6，其逻辑电路如图 1.11(a)所示。

表 1.6　异或门函数的真值表

A	B	$F=A\oplus B$	A	B	$F=A\oplus B$
0	0	0	1	0	1
0	1	1	1	1	0

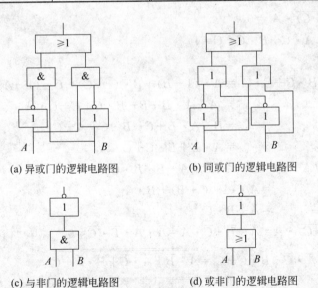

(a) 异或门的逻辑电路图　　　　(b) 同或门的逻辑电路图

(c) 与非门的逻辑电路图　　　　(d) 或非门的逻辑电路图

图 1.11　各种门的逻辑电路

(2) 同或门。当两个输入信号相同时输出为 1，不同时为 0。其真值表为表 1.7，其逻辑电路如图 1.11(b)所示。

表 1.7 同或门函数的真值表

A	B	$F=A\odot B$		A	B	$F=A\odot B$
0	0	1		1	0	0
0	1	0		1	1	1

（3）与非门。两个输入端先进行与运算，再求反，逻辑函数为 $F=\overline{A\cdot B}$。其真值表为表 1.8，其逻辑电路如图 1.11(c)所示。

表 1.8 与非门函数的真值表

A	B	$\overline{A\cdot B}$		A	B	$\overline{A\cdot B}$
0	0	1		1	0	1
0	1	1		1	1	0

（4）或非门。两个输入先进行或运算，再求反，逻辑函数为 $F=\overline{A+B}$。其真值表为表 1.9，其逻辑电路如图 1.11(d)所示。

表 1.9 或非门函数的真值表

A	B	$\overline{A+B}$		A	B	$\overline{A+B}$
0	0	1		1	0	0
0	1	0		1	1	0

1.26 利用基本性质证明下列等式。

(1) $A\cdot\overline{B}+B\cdot\overline{C}+C\cdot\overline{A}=\overline{A}\cdot B+\overline{B}\cdot C+\overline{C}\cdot A$

(2) $A+B\cdot C=(A+C)(A+B)$

(3) $\overline{(A+B+C)}\cdot A=0$

(4) $A\cdot\overline{B}+\overline{A}\cdot\overline{C}+B\cdot\overline{C}+C=1$

解：

(1) $A\cdot\overline{B}+B\cdot\overline{C}+C\cdot\overline{A}=A\cdot(1-B)+B\cdot(1-C)+C\cdot(1-A)$

$\qquad\qquad =A-A\cdot B+B-B\cdot C+C-C\cdot A$

$\qquad\qquad =B-A\cdot B+C-B\cdot C+A-C\cdot A$

$\qquad\qquad =\overline{A}\cdot B+\overline{B}\cdot C+\overline{C}\cdot A$

(2) $(A+C)(A+B)=A+A\cdot C+A\cdot B+B\cdot C$

$\qquad\qquad =A\cdot(1+C+B)+B\cdot C$

$\qquad\qquad =A+B\cdot C$

(3) $\overline{(A+B+C)}\cdot A=\overline{A}\cdot\overline{B}\cdot\overline{C}\cdot A=\overline{A}\cdot A\cdot\overline{B}\cdot\overline{C}=0$

(4) $A\cdot\overline{B}+\overline{A}\cdot\overline{C}+B\cdot\overline{C}+C=\overline{\overline{A\cdot\overline{B}+\overline{A}\cdot\overline{C}+B\cdot\overline{C}+C}}$

$\qquad\qquad =\overline{\overline{A\cdot\overline{B}}\cdot\overline{\overline{A}\cdot\overline{C}}\cdot\overline{B\cdot\overline{C}}\cdot\overline{C}}$

$\qquad\qquad =\overline{(\overline{A}+B)\cdot(A+C)\cdot(\overline{B}+C)\cdot\overline{C}}$

$\qquad\qquad =\overline{(\overline{A}+B)\cdot(A+C)\cdot(\overline{B}\cdot\overline{C}+C\cdot\overline{C})}$

$\qquad\qquad =\overline{(\overline{A}+B)\cdot(A+C)\cdot\overline{B}\cdot\overline{C}}$

$\qquad\qquad =\overline{(\overline{A}+B)\cdot(A\cdot\overline{B}\cdot\overline{C}+C\cdot\overline{B}\cdot\overline{C})}$

$$=\overline{(\overline{A}+B)\cdot A\cdot\overline{B}\cdot\overline{C}}$$
$$=\overline{\overline{A}\cdot A\cdot\overline{B}\cdot\overline{C}+B\cdot A\cdot\overline{B}\cdot\overline{C}}$$
$$=\overline{0+0}=1$$

1.27 总线传输比直接连线传输有什么好处?

解:早期的计算机内部各部件之间采用直接连线进行信号和数据传输。这样的传输方式,随着计算机中部件的增多,会造成连线过于复杂,效率低下,也不利于计算机系统结构的进一步发展。采用总线传输,按照信号分类,可以使同一类信号在不同部件之间分时传输,使得系统结构简化,而且有利于技术改进和进一步发展。

1.28 时序控制在计算机工作中有什么作用?时序控制的基本方法有哪些?

解:计算机是一种复杂的机器,许多部件要协调工作,必须严格按照一定的时序。通常进行时序控制有两种基本方法:同步控制和异步控制。

同步控制是有关部件之间具有共同的时钟或具有同步的时钟,并且把时间段分为时钟周期、指令周期、CPU 周期、读写周期、总线周期等。

异步控制方式下,采用应答或握手方式。

1.29 对用户来说,CPU 内部有 3 个最重要的寄存器,它们是_____。

A. IR,A,B
B. IP,A,F
C. IR,IP,F
D. IP,ALU,BUS

解:选 B。对用户而言,CPU 内部 3 个重要的寄存器中 IP 是程序地址指示器(又称程序计数器 PC),用来存放程序中指令的地址,并能自动修改地址。F 是标志寄存器,用来存放计算机工作的一些情况(即状态),为程序或用户操作提供判断的依据。A 称为累加器,是计算机工作过程中使用最频繁的寄存器。在现代计算机中,往往设置多个寄存器,每个寄存器的作用不同,因此用户必须了解每个寄存器的功能和使用范围。

1.30 已知 CPU 有 32 根数据线和 20 根地址线,存储期待容量为 100MB,试分别计算按字节和按字寻址时的寻址范围。

解:首先,寻址范围与数据总线没有关系,只与地址总线有关。

按字节寻址时,20 根地址线的寻址范围为 $2^{20}=1024\times1024=1MB$。

按字寻址时,由于每个字由 4 个字节组成,为了能区分 4 个字节,需要两根地址线,余 18 根地址线用来对字寻址,寻址范围为 $2^{18}=2^8K=256KB$。

按半字寻址的寻址范围为 1MB/2=512KB。

1.31 试述程序是如何对计算机进行控制的。

解:计算机的工作过程就是执行程序,程序是为解决特定问题而设计的指令序列,指令是计算机能识别的一组编排成特定格式的代码,它能告诉机器在什么时间完成什么操作,并能让机器知道数据放在何处,结果应放在何处,同时指出下一条指令在何处,使程序能连续执行。

计算机每一条指令的执行是通过取指令—分析指令—产生一系列操作信号—控制计算机各部件工作—取下一条指令来完成的,计算机从取出第一条指令开始,周而复始地按上述过程工作,直至程序中的指令全部执行完毕。

1.32 指令系统有哪些作用?

解：指令是计算机能理解的一组编排成特定格式的代码串，它要求计算机在一个规定的时间段内完成一组特定的操作。指令系统是 CPU 能提供所有指令的集合。

一个 CPU 是非常复杂的。但是对于程序开发人员来说，并不需要了解 CPU 结构的细节，只需要了解 CPU 可以执行哪些指令，以便用这些指令开发程序。所以，指令系统就是 CPU 向程序开发者提供的操作界面，或称 CPU 与程序开发人员之间进行交流的语言。

从另一个角度看，进行 CPU 的开发，首先要设计该 CPU 有哪些功能，即可以提供哪些操作指令。为此，要先设计指令系统。指令系统就是设计 CPU 的依据，设计好 CPU 之后，根据指令系统再去设计 CPU 的内部结构。

1.33　人们常说，操作系统可以扩大计算机硬件的功能，可以对计算机的资源进行管理，可以方便用户使用。这些特点是如何实现的？

解：操作系统是现代计算机的重要组成部分，它建立在硬件的基础上，一方面管理、分配、回收系统资源，组织和扩充硬件功能，使硬件虚拟化，如虚拟内存、虚拟设备等；另一方面构成用户通常使用的功能，把形成的完整功能以便于使用的方式提供给用户。操作系统的作业管理、提供用户界面、功能扩展、资源管理等强大的功能有力地扩大了计算机硬件的功能。

1.34　人们常说，电子计算机是一种速度快、精度高、能进行自动运算的计算机工具。请问这些特点是如何得到的？

解：速度快——来自采用了电子元件。

精度高——来自采用数字计算。因为模拟计算的精度是不可控制的，而数字计算增加字长或采用多字运算，可以增加计算精度。

自动运算——来自采用电动力和程序存储控制工作方式。

1.35　你认为将来的计算机将会是什么样子？

解：略。

1.36　在一台时钟频率为 200MHz 的计算机中，各类指令的 CPI 如下：

- ALU 指令为 1。
- 存取指令为 2。
- 分支指令为 3。

现要执行一个程序，程序中这 3 类指令的比例为 45%、30% 和 25%。计算下列数值（精确到小数点后两位）：

（1）执行该程序的 CPI 和 MIPS。

（2）若有一个优化过程能将程序中 40% 的分支指令减掉，重新计算执行该程序的 CPI 和 MIPS。

解：

（1）优化前执行该程序的 CPI 和 MIPS 分别为

$$CPI = 0.45 \times 1 + 0.3 \times 2 + 0.25 \times 3 = 1.80$$

$$MIPS = 200 \times 10^6 / (1.8 \times 10^6) = 112MIPS$$

（2）优化前执行该程序的 CPI 和 MIPS 分别为

$$CPI = 0.45 \times 1 + 0.3 \times 2 + 0.25 \times 3 \times 0.4 = 1.35$$

1.3 自测练习

1.3.1 选择题

1. 中国古代数学家祖冲之使用_____将圆周率算到了小数点后的 7 位。

    A. 算盘   B. 游珠算盘   C. 算筹   D. 心算

2. 人类历史上最早有程序概念的计算工具是_____。

    A. 算盘和算筹   B. 莱布尼茨乘法机

    C. Pascal 加法器   D. Babbage 分析机

3. 人类历史上最早使用内程序的工具是_____。

    A. 算盘   B. 中国的提花机

    C. 布乔提花机   D. Babbage 分析机

4. 人类历史上最早使用内动力的计算工具是_____。

    A. ENIAC   B. 莱布尼茨乘法机

    C. Pascal 加法器   D. Babbage 分析机

5. 人类历史上最早使用二进制的是_____。

    A. 布尔   B. 莱布尼茨   C. 八卦图   D. 冯·诺依曼

6. 人类历史上最早使用二进制的计算工具是_____。

    A. Babbage 分析机   B. 莱布尼茨乘法机

    C. Z-2 计算机   D. Model-K 计算装置

7. 冯·诺依曼计算机最基本的特点是_____。

    A. 按地址访问存储器

    B. 数据以二进制编码并进行二进制计算

    C. 以存储器为中心

    D. 采用程序存储控制方式

8. 在计算机系统中,硬件与软件之间的界面是_____。

    A. 操作系统   B. 高级语言   C. 指令系统   D. 汇编语言

9. 现代计算机中,适合电气与电子技术的特征是_____。

    A. 输入输出系统   B. 指令驱动

    C. 采用二进制编码   D. 程序存储

10. 在机器数_____中,零的表示形式是唯一的。

    A. 补码和移码   B. 反码和移码   C. 补码和反码   D. 原码

11. 在计算机中表示地址时,使用的是_____。

    A. 移码   B. 反码   C. 补码   D. 原码

12. 下面的 4 个 8 位移码$[X]_{移}$中,当求$[-X]_{移}$时将发生溢出的是_____。

    A. 11111111   B. 00000000   C. 10000000   D. 01111111

13. 字长 16 位并用定点补码小数表示时,一个字所能表示的范围是_____。

A. $0\sim1-2^{-15}$　　　　　　　　　　　B. $-(1-2^{-15})\sim(1-2^{-15})$

C. $-1\sim1$　　　　　　　　　　　　　　D. $-1\sim(1-2^{-15})$

14. 浮点数的表示范围和精度取决于＿＿＿＿＿＿＿。

A. 阶码的位数和尾数的位数　　　　B. 阶码的编码方式和尾数的位数

C. 阶码的编码方式和尾数的编码方式　　D. 阶码的位数和尾数的编码方式

15. 已知 $X<0$，且$[X]_原=X_0X_1X_2\cdots X_n$，则$[X]_补$可以通过＿＿＿＿＿＿＿求得。

A. 各位求反，末位加 1　　　　　　B. 各位求反

C. 除 X_0 之外，各位求反，末位加 1　　D. $[X]_反-1$

16. 若 9BH 是一个移码，则其对应的十进制数是＿＿＿＿＿＿＿。

A. 27　　　　　B. -27　　　　　C. -101　　　　D. 101

17. 假定下列字符码中有奇偶校验位，但没有数据错误，采用奇校验的字符码是＿＿＿＿＿＿＿。

A. 11001010　　　B. 11010111　　　C. 11001100　　　D. 11001011

18. 若信息码字为 11100011，生成多项式为$G(x)=x^5+x^4+x+1$，则计算出的 CRC 校验码为＿＿＿＿＿＿＿。

A. 1110001101101　　　　　　　　B. 1110001111010

C. 11100011001101　　　　　　　D. 111000110011010

19. 计算机存储系统采用分级方式是为了＿＿＿＿＿＿＿。

A. 减轻主机箱的重量　　　　　　B. 解决容量、价格、存取速度间的矛盾

C. 为了能存储大量数据　　　　　D. 为了便于操作

20. 与辅助存储器相比，主存储器的特点是＿＿＿＿＿＿＿。

A. 容量大、速度快、成本低　　　　B. 容量大、速度慢、成本高

C. 容量小、速度快、成本低　　　　D. 容量小、速度快、成本高

21. 能判断程序转向的是＿＿＿＿＿＿＿。

A. 累加器　　　B. 状态寄存器　　　C. 控制器　　　D. I/O 控制器

22. 在 CPU 中，程序计数器（或称指令指针）的内容是＿＿＿＿＿＿＿。

A. 正在执行的机器指令代码

B. 正在执行的微指令代码

C. 下一条机器指令的内存地址

D. 下一条微指令在控制存储器中的地址

23. 程序中直接转移指令是把转移地址送入＿＿＿＿＿＿＿。

A. 累加器　　　B. 指令计数器　　　C. 地址译码器　　　D. 存储器

24. 将连续的模拟信号数值化，需要经过采样、＿＿＿＿＿＿＿和编码。

A. 量化　　　B. 分析　　　C. 测试　　　D. 以上都不对

25. 计算机主机中，对指令进行译码的部件是＿＿＿＿＿＿＿。

A. 控制器　　　B. 运算器　　　C. 存储器　　　D. 操作系统

26. 计算机操作最小的时间周期是＿＿＿＿＿＿＿。

A. CPU 周期　　　B. 微指令周期　　　C. 时钟周期　　　D. 指令周期

27. 全加器和半加器的区别是多一个输入端，即_____。

    A. 高位进位   B. 符号位   C. 低位进位   D. 本位进位

28. 冯·诺依曼计算机最根本的特征是_____。

    A. 以控制器为中心   B. 以运算器为中心

    C. 以存储器为中心   D. 以总线为中心

29. 指令周期是指_____。

    A. CPU 从主存取出一条指令的时间

    B. CPU 执行一条指令的时间

    C. CPU 从主存取出一条指令的时间加上 CPU 执行该指令的时间

    D. 一个时钟周期

1.3.2　填空题

1. 在机器数中，零的表示形式唯一的是_____。

2. 在机器数中，正数的符号用 1 表示的是_____。

3. 浮点数判溢出是判断_____的溢出。

4. CRC 码称_____，它能进行_____。

5. 在补码加法中，把_____作为数的一部分一起运算，符号位产生_____时要丢弃。

6. 设 $x=-47$，则 x（8 位，最高位为符号位）的原码为_____，补码为_____，移码为_____。

7. 定点数加减法运算可能产生溢出的情况是_____和_____。

8. 机器字长为 8 位，用定点小数表示包含 1 位符号和 7 位数据，最大正数是_____，最小负数是_____。用补码表示时其最大正数是_____，最小负数是_____。

9. 常用的 Unicode 码为_____位。

10. 同一个数的补码和移码仅_____相反。

11. 汉字 16×16 点阵可用_____字节来表示。

12. 汉字字型有两种表示法，即_____和_____。

13. 视觉图形经过_____、_____可以转换为二进制数字图像。

14. 静态图像压缩标准为_____；动态图像压缩标准为_____。

15. 某机器指令的操作码为 5 位，这样它的指令可以有_____种。

16. 主存储器主要由_____组成。

17. 程序计数器 PC 的内容是_____，通常情况下执行 PC+1，使程序顺序执行，如果指令给出下一条要执行指令的地址，那么_____。

18. 硬件系统的_____和_____称为 CPU。

19. 计算机软件系统由_____和_____组成。

20. 运算器中状态寄存器的作用是_____。

21. 运算器能完成_____和_____两种运算。

22. 计算机中各个功能部件是通过_____连接的,它是各部件之间进行信息传输的公共通道。

23. 机器周期也可称为_____。

1.3.3 判断题

1. 在原码、反码和补码 3 种机器码中,补码的表示范围最大。(   )

2. 若$[X]_补 > [Y]_补$,则$|X| > |Y|$。(   )

3. 在浮点运算中,阶码处理部件可实现加、减、乘、除 4 种运算。(   )

4. 浮点数通常采用规格化数表示。规格化指其尾数的第 1 位为 1 的浮点数。(   )

5. 浮点数的取值范围由阶码的位数决定,其精度由尾数的位数决定。(   )

6. 控制器执行一条指令的过程是"分析指令—取指令—执行指令"(   )

7. 分级存储只是为了提高存储器的速率。(   )

8. 控制器要运行一条指令,第一步是将程序计数器(PC)中存放的指令地址送往存储器的地址译码器。(   )

9. 字长为 8 位时,原码和反码的表数范围为$+127 \sim -127$,而补码的表数范围为$+127 \sim -128$。(   )

10. 计算机存储系统平均恢复时间越短,表明系统的可用性越好。(   )

11. 程序计数器(PC)主要用于解决指令的执行次序。(   )

12. 程序是由指令组成的,指令是计算机能够识别并执行的操作命令。(   )

13. 采样就是每隔一定时间测量连续波上的一个振幅值。(   )

14. 存储器的主要性能指标是速度和容量。(   )

15. 决定计算机计算精度的主要技术指标一般是计算机的字长。(   )

1.3.4 简答题

1. 简述计算机体系结构和计算机组成。

2. 采用 IEEE 754 标准浮点格式(32 位),尾符 1 位,阶码 8 位,尾数 23 位,则二进制数 1100 0010 0000 0101 0000 0000 0000 0000 的十进制值为多少?

3. 将数 11/2、0.375 表示为阶符 1 位、阶码 2 位、尾符 1 位、尾数 4 位的浮点数。

4. 现在提倡的绿色计算机有什么特点?

5. 将下面的数用 BCD 码表示:$25_{(10)}$,$5628_{(10)}$。

6. 已知 $X = 0.1011$,$Y = 0.1111$,求 $X/Y = $?

7. 若$[X]_补 = [Y]_反 = [Z]_原 = (E)_{16}$,则 X、Y、Z 的十进制数值各是多少?

8. 已知计算机的字长为 32 位,存储器容量为 100MB,分别计算按字节、半字、字、双字的寻址范围。

9. 简述指令执行过程。

10. 比较单地址指令和双地址指令。

11. 一个无符号数左移 1 位和右移 1 位分别相当于什么运算?

12. 定点和浮点表示数据有何不同?

13. 写出与非门和异或门的逻辑表达式。

14. 指令和数据如何区分？

15. 内存单元地址为 23140H，连续存放 3 个字节数 0AH、0BH、0CH 和一个字数 4512H，请图示数在内存存放的位置。

16. 已知：X 为正数，则 $[X]_原=[X]_补$；X 为负数，则 $[X]_原=1.X_1X_2\cdots X_n$。

    证明 $[X]_补=1.\overline{X_1}\,\overline{X_2}\cdots\overline{X_n}+2^{-n}$。

17. 证明 $(A+B)+A(\overline{A}+B)=A+B$。

18. 证明 $(A\cdot B+B\cdot C+A\cdot C)\cdot(\overline{A\cdot B\cdot C})=\overline{A}\cdot B\cdot C+A\cdot\overline{B}\cdot C+A\cdot B\cdot\overline{C}$。

19. 证明 $\overline{A}\cdot\overline{B}+\overline{A}\cdot B=\overline{A\cdot B}$。

20. 证明 $\overline{A}+(\overline{B\cdot C})+\overline{C}\cdot B=\overline{A\cdot B\cdot C}$。

21. 证明 $\overline{A}+\overline{B}\cdot\overline{C}+\overline{B}+\overline{C}=\overline{A}+\overline{B}+\overline{C}$。

22. 试说明奇偶校验的优缺点。

23. 在浮点数中，阶码和尾数的正负表示什么？

24. 化简 $A\cdot B+A\cdot\overline{B}+\overline{A}\cdot B$。

25. 化简 $\overline{A}\cdot\overline{B}+A\cdot\overline{B}+\overline{A}\cdot B$。

26. 码为 00100111，写出奇校验和偶校验后的码，校验位在高位（8 位）。

27. 一个汉字由 24×24 点阵组成，占多少存储空间？

28. 图形和图像有什么区别？

29. 什么是显示器的分辨率？

30. 解释显示器的灰度和颜色。

31. 图示计算机系统的硬件组成。

1.4 自测练习参考答案

1.4.1 选择题参考答案

1. C　　2. A　　3. B　　4. C　　5. C　　6. D　　7. D　　8. A　　9. C

10. A　11. C　12. C　13. D　14. A　15. C　16. A　17. D　18. B

19. B　20. D　21. B　22. C　23. B　24. A　25. A　26. C　27. C

28. A　29. C

1.4.2 填空题参考答案

1. 补码和移码

2. 移码

3. 阶码

4. 循环冗余检验，检错纠错

5. 符号位，进位

6. 10101111，11010001，01010001

7. 两数符号相同而结果的符号不相同，符号位进位与结果位进位按位加为1

8. $+1-2^{-7}$，$-(1-2^{-7})$，2^7-1，-2^7

9. 16

10. 符号位

11. 32

12. 点阵，矢量

13. 采样，量化

14. JPEG，MPEG

15. $2^5=32$

16. 存储体、地址寄存器、地址译码器、数据寄存器

17. 当前要执行指令的地址，程序执行转移指令

18. 运算器，控制器

19. 系统软件，应用软件

20. 为计算机提供条件判断

21. 算术，逻辑

22. 总线

23. CPU 周期

1.4.3 判断题参考答案

1. √　　2. ×　　3. ×　　4. ×　　5. √　　6. ×　　7. ×　　8. √　　9. √

10. √　　11. √　　12. √　　13. √　　14. √　　15. √

1.4.4 简答题参考答案

1. **解**：计算机体系结构是指构成计算机总体概念的结构以及计算机的功能特性。

计算机组成是指如何实现计算机体系结构以及计算机设计所具有的功能。

2. **解**：最高位 1，是负数；阶码为 10000100B＝(132－127)D＝5D。IEEE 754 标准中尾数用原码隐含了最高位 1，尾数为 10000101。

所以其真值尾数应为－(20＋2－5＋2－7)，则其真值为(132/128)×25＝33.25。

3. **解**：11/2＝－5.1＝－101.1$_{(2)}$＝0.1011×2^3，则二进制浮点数为 01111011。

　　　0.375＝0.011$_{(2)}$＝0.11×2^{-1}，则二进制浮点数为 10100110。

4. **解**：绿色计算机是指使用它不产生对人类及其环境的污染和过度资源消耗，具体包括以下几方面：

(1) 节能：计算机耗电低。

(2) 低污染：计算机及相关设备低电耗、低辐射、低噪声、无毒害。

(3) 易回收：使用的材料易回收。

(4) 设计符合人体工程学：计算机及其设备设计符合科学标准，适宜人们使用。

5. **解**：25$_{(10)}$＝00100101$_{(BCD)}$，5628$_{(10)}$＝0101011000101000$_{(BCD)}$

16 位全 0 时为 0，16 位全 1 时为 $2^{16}-1=65535$，最高 1 位表示符号，则数的范围为 $2^{15}-1=32\,767$，$-2^{15}=-32\,768$。

6. 解：因为 $X<Y$，进行定点除法不会溢出，$X/Y\approx0.1011$。

7. 解：设第一位为符号位，则

$(E)_{16}=1110000$。

$[X]_{原}=10100000=-32_{(10)}$

$[Y]_{原}=10011111=-31_{(10)}$

$[Z]_{原}=11100000=-96_{(10)}$

8. 解：按字节寻址的寻址范围为 1MB。

按半字寻址的寻址范围为 $1MB/2=512KB$。

按字寻址的寻址范围为 $1MB/4=256KB$。

按双字寻址的寻址范围为 $1MB/8=128KB$。

9. 解：

(1) 取指令。根据指令计数器提供的地址从主存储器读指令，送入指令寄存器。指令计数器内容加 1。

(2) 取操作数。按指令寻址方式取出操作数。

(3) 执行操作。依指令操作码完成操作，并且根据目的操作数寻址方式保存结果。

10. 解：单地址指令的操作数放在累加器和原地址中，运算的结果存放在累加器。

双地址指令的操作数放在原地址和目的地址中，运算的结果存放在目的地址。

11. 解：左移 1 位相当于数值乘以 2，右移 1 位相当于数值除以 2。

12. 解：定点数表示时约定小数点固定在一个位置上，大多使数据值小于 1，称定点表示法；而浮点数小数点位置可任意浮动，故称浮点表示法。

13. 解：$X=\overline{A\cdot B}=\overline{A}+\overline{B}$，$X=A\oplus B=\overline{A}\cdot B+A\cdot\overline{B}$

14. 解：指令和数据均以二进制形式存储于存储器中，控制器依据程序计数器中的地址访问存储单元读取的是指令，而按指令中的操作数寻址方式产生的地址访问存储单元获得的是数据。

15. 解：从 23140H 开始依次存放以下字节：

$$OA_{(16)}，\quad OB_{(16)}，\quad OC_{(16)}，\quad 12_{(16)}，\quad 45H$$

16. 解：当 X 为负数时，$[X]_{补}$ 的符号位为 1，数值的每一个二进制为变反，末位加 1。

当 $-1\leqslant X\leqslant0$ 时，$[X]_{原}=1-X$。

$$
\begin{aligned}
[X]_{补} &= 2+X=2+1-[X]_{原}\\
&= 3-[X]_{原}\\
&= 3-1.X_1X_2\cdots X_n\\
&= 2-0.X_1X_2\cdots X_n\\
&= 1-1.X_1X_2\cdots X_n\\
&= 1+(1-0.X_1X_2\cdots X_n)\\
&= 1+0.\overline{X_1}\ \overline{X_2}\cdots\overline{X_n}+2^{-n}
\end{aligned}
$$

$$=1. \overline{X_1}\, \overline{X_2} \cdots \overline{X_n}$$

因为

$$0. X_1 X_2 \cdots X_n + 0. \overline{X_1}\, \overline{X_2} \cdots \overline{X_n} + 2^{-n} = 0.11 \cdots 1 + 2^{-n} = 1$$

所以

$$1 - 0. X_1 X_2 \cdots X_n = 0. \overline{X_1}\, \overline{X_2} \cdots \overline{X_n} + 2^{-n}$$

17. **证明**：$(A+B) + A \cdot (\overline{A}+B) = (A+B) + A \cdot B = A \cdot (1+B) + B = A+B$

18. **证明**：
$$(A \cdot B + B \cdot C + A \cdot C) \cdot (\overline{A \cdot B \cdot C})$$
$$= (A \cdot B + B \cdot C + A \cdot C) \cdot (\overline{A}+\overline{B}+\overline{C})$$
$$= A \cdot \overline{A} \cdot B + \overline{A} \cdot B \cdot C + A \cdot C \cdot \overline{A} + A \cdot B \cdot \overline{B} + B \cdot C \cdot \overline{B}$$
$$\quad + A \cdot C \cdot \overline{B} + A \cdot B \cdot \overline{C} + B \cdot C \cdot \overline{C} + A \cdot C \cdot \overline{C}$$
$$= \overline{A} \cdot B \cdot C + A \cdot \overline{B} \cdot C + A \cdot B \cdot \overline{C}$$

19. **证明**：
$$\overline{A} \cdot \overline{B} + \overline{A} \cdot B$$
$$= \overline{A} \cdot \overline{B} + \overline{A} \cdot 1 + \overline{A \cdot B}$$
$$= \overline{A} \cdot \overline{B} + \overline{A}(B+\overline{B}) + \overline{A \cdot B}$$
$$= \overline{A} \cdot \overline{B} + \overline{A} \cdot B + \overline{A} \cdot \overline{B} + \overline{A} + \overline{B}$$
$$= \overline{A} \cdot \overline{B} + \overline{A} \cdot B + \overline{A} + \overline{B}$$
$$= \overline{A}(\overline{B} + B + 1) + \overline{B}$$
$$= \overline{A} \cdot \overline{B} = \overline{A \cdot B}$$

20. **证明**：
$$\overline{A} + (\overline{B \cdot C}) + \overline{C} \cdot B = \overline{A} \cdot \overline{B \cdot C} + \overline{\overline{C} \cdot B} = A \cdot B \cdot C \cdot \overline{C \cdot B} = \overline{A \cdot B \cdot C}$$

21. **证明**：$\overline{A} + \overline{B} \cdot C + \overline{B+C} = \overline{A} + \overline{B} \cdot C + \overline{B} \cdot \overline{C} = \overline{A} + \overline{B} + \overline{C}$

22. **解**：奇偶校验所用线路简单，能够发现差错，但是不能确定其位置。另外，对于偶数位差错则无法检测出来。

23. **解**：阶码为正，表示尾数可以扩大；阶码为负，表示尾数可以缩小。尾数的正负代表浮点数的正负。

24. **解**：$A \cdot B + A \cdot \overline{B} + \overline{A} \cdot B = A \cdot B + A \cdot \overline{B} + \overline{A} \cdot B + A \cdot B = A+B$

25. **解**：$\overline{A} \cdot \overline{B} + A \cdot \overline{B} + \overline{A} \cdot B + \overline{A} \cdot \overline{B} = \overline{B}(\overline{A}+A) + \overline{A}(B+\overline{B}) = \overline{A}+\overline{B}$

26. **解**：奇校验 10100111 有奇数个 1（5 个 1）；偶校验 00100111 有偶数个 1（4 个 1）。

27. **解**：$24 \times 24 / 8 = 72$B。

28. **解**：图像是指绘制、摄制或印刷的数字图像，基于像素点的存储和处理。图形是用计算机表示和生成的图（如直线、矩形、椭圆、曲线、平面、曲面、立体及相应的阴影等），基于绘图命令和坐标点的存储和处理。

29. **解**：显示屏幕的像素点数目称为显示器的分辨率，分辨率越高，显示的图像越清晰。

30. **解**：灰度是显示器中每个光点的亮暗级别，灰度级别多，图像的层次分明逼真。如用 1 位二进制码控制，表示该像素为黑（暗）或白（亮）；如用 4 位二进制码控制，可表示该像素 16 种不同的灰度或颜色；用 24 位二进制码控制，可表示该像素 16.77×10^6 种不同灰度或颜色，基本上能够表现出大自然中人眼能分辨的颜色，看上去与高清晰度照片相差无几，故称为"真彩色"。

31. **解**：见图 1.12。

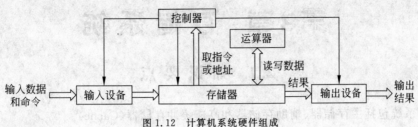

图 1.12　计算机系统硬件组成

第2章 存储系统

2.1 知识要点

存储系统包括主存储器、辅助存储器和高速缓冲存储器(Cache)。

2.1.1 主存储器的基本原理

1. 主存体系

当前使用的主存类型如图2.1所示。分类的原则是信息的易失性以及元件的原理和工作模式。学习时要注意它们的区别。

2. SRAM的基本原理

1) 字结构、一维译码方式的RAM逻辑结构

图2.2为字结构、一维译码方式的RAM逻辑结构,通常用于小容量的SRAM。它在读写过程中要使用如下一些信号:

- 数据总线上的地址信号。
- 片选信号$\overline{CS}$。
- 写控制信号$\overline{WE}$。
- 读出使能信号$\overline{OE}$。
- 数据总线上的数据信号。

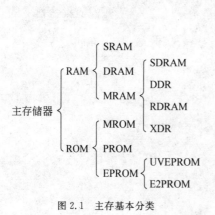

图2.1 主存基本分类

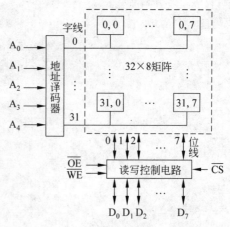

图2.2 字结构、一维译码方式的RAM逻辑结构

2) SRAM时序

图2.3给出了这类SRAM在读写过程中各种信号间的时序关系。可以看出,不管是读

还是写,都是按照下面的顺序发送有关信号:

(1) 发送地址信号,指定要读写的单元,此信号一直保留到有效读/写完成。

(2) 发送片选信号$\overline{CS}$,选中一片存储器。

(3) 发送读($\overline{WE}$高、$\overline{OE}$低有效)/写($\overline{WE}$低有效、$\overline{OE}$高)信号。

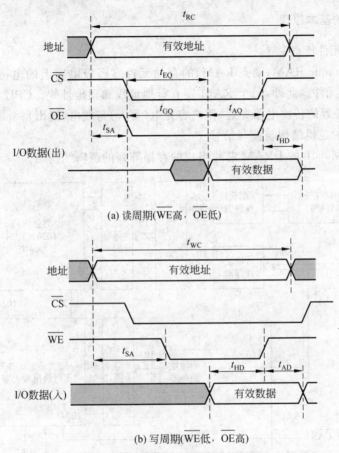

(a) 读周期($\overline{WE}$高,$\overline{OE}$低)

(b) 写周期($\overline{WE}$低,$\overline{OE}$高)

图 2.3 一维地址译码 RAM 的读写时序

3) SRAM 的有关时间参数

在对于一维地址译码存储器进行读写的过程中,为了保证读写质量,要关注如下一些时间参数。

t_{SA}:地址建立时间:从 CPU 发送地址信号到地址信号稳定时间,以保证读写信号正确性。

t_{EQ}:片选有效时间:从 CPU 发送$\overline{CS}$到其稳定的有效时间,以保证后续信号正确。

t_{GQ}:读控制有效时间:从 CPU 发送$\overline{OE}$到其稳定的有效时间,以保证后续信号正确。

t_{AQ}:有效读出时间,即从$\overline{CS}$和$\overline{OE}$稳定到数据线上数据信号稳定的有效时间,在这段时间内$\overline{CS}$和$\overline{OE}$信号不可撤销。

t_{AD}:数据保持时间:以保证数据信号不在地址信号撤销前被撤销,否则会造成数据错误。

t_{WD}：有效写入时间，以保证数据信号 $\overline{\mathrm{WE}}$ 信号之前撤销，否则可能造成写入数据错误。

t_{WC}：写入周期。t_{RC}：读出周期。通常 $t_{\mathrm{WC}} = t_{\mathrm{RC}}$，通称存取周期。

需要强调，不同的技术中，读写的时序可能不同，但关键是如何保证可靠的读写。

3. DRAM 的基本原理

1) DRAM 元件特点

DRAM(Dynamic RAM，动态 RAM)的存储元件靠栅极电容上的电荷保存信息，也称电荷存储型记忆元件。此外，每个 RAM 还有行地址线和列地址线。CPU 使用行选与列选信号，使电容与外界的传输电路导通，使电容充电(写入)与放电(读出)。

2) DRAM 的逻辑结构与读写信号

图 2.4 为 1M×4b 的 DRAM 芯片组成的存储阵列的逻辑结构图。

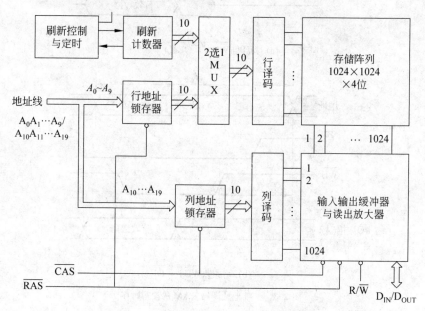

图 2.4　1M×4b 的 DRAM 芯片组成的存储阵列的逻辑结构图

它在读写时涉及的信号有如下一些：

- 行地址。
- 行地址选通信号 $\overline{\mathrm{RAS}}$。
- 列地址。
- 列地址选通信号 $\overline{\mathrm{CAS}}$。
- 数据总线(D_{IN} 和 D_{OUT})。
- 读写控制脉冲 $R/\overline{W}$。

3) DRAM 读写操作时的时序

图 2.5 给出了这类 DRAM 在读写过程中各种信号之间的时序关系。

不管是读还是写，都是按照下面的顺序发送有关信号：

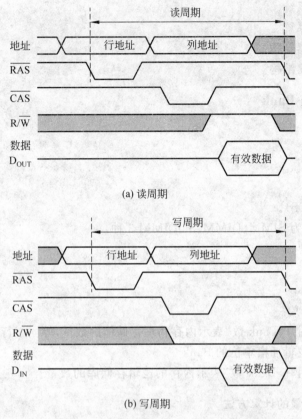

(a) 读周期

(b) 写周期

图 2.5　二维地址译码 DRAM 的读写时序

（1）发送行地址和列地址。

（2）行地址稳定后，发送行地址选通信号$\overline{\text{RAS}}$，将行地址选存。

（3）发读写命令 R/$\overline{\text{W}}$：读时，高电平并保持到$\overline{\text{CAS}}$结束之后；写时，低电平，在此期间，数据线上必须送入欲写入的数据并保持到$\overline{\text{CAS}}$变为低电平之后。

（4）发送列地址选通信号$\overline{\text{CAS}}$，将列地址选存。在此期间，若 R/$\overline{\text{W}}$=1，则将有数据输出到数据线上；当 R/$\overline{\text{W}}$、$\overline{\text{RAS}}$和$\overline{\text{CAS}}$都有效时，数据线上的数据被写入有关单元。

4. 存储体的扩展方式

（1）字扩展方式：位数（字长）不变，字数增加。

（2）位扩展方式：字数不变，位数（字长）增加。

（3）段扩展方式：字向和位向都扩展。如由 4 片 1M×4b 的芯片扩展成 2M×8b 的存储器。

5. 并行存储器

并行存储器主要包括以下几类：

（1）双端口存储器。

（2）单体多字系统。

（3）多体并行系统。

（4）分布存储器结构。

（5）共享存储器结构。

2.1.2 内存条与 Bank

1. 内存条组成

（1）内存颗粒。

（2）SPD 芯片。

（3）电路板（PCB）。

（4）金手指，分为 SIMM、DIMM、SODIMM 3 种。

（5）排阻和电容。

2. Bank

Bank 有 3 种含义：

（1）P-Bank：用"P-Bank 数"表示内存物理存储体的数量，等同于行（row）。

（2）作为内存逻辑插槽单位的 Bank。

（3）L-Bank：用"L-Bank 数"表示内存的逻辑存储库的数量。

3. 内存芯片容量的计算方法

（1）用 L-Bank 计算。

（2）用位宽计算。

2.1.3 DRAM 内部操作与性能参数

1. SDRAM 的主要引脚

SDRAM 的主要引脚见表 2.1。

表 2.1 SDRAM 的主要引脚

引　　脚	名　　称	描　　述
CLK	时钟	芯片时钟输入
CKE	时钟使能	片内时钟信号控制
$\overline{CS}$	片选	禁止或使能 CLK、CKE 和 DQM 外的所有输入信号
BA_0,BA_1	组地址选择	用于片内 4 个组的选择
$A_{12} \sim A_0$	地址总线	行地址：A12~A0，列地址：A8~A0，自动预充电标志：A10
$\overline{RAS}$ $\overline{CAS}$ $\overline{WE}$	行地址锁存 列地址锁存 写使能	行、列地址锁存和写使能信号引脚
LDQM,UDQM	数据 I/O 屏蔽	在读模式下控制输出缓冲；在写模式下屏蔽输入数据

引　脚	名　称	描　　述
$DQ_{15} \sim DQ_0$	数据总线	数据输入输出引脚
VDD/VSS	电源/地	内部电路及输入缓冲电源/地
VDDQ/VSSQ	电源/地	输出缓冲电源/地
NC	未连接	未连接

2. SDRAM 的读写时序

1）行有效

行有效就是确定要读写的行，使之处于激活（active）——有效状态。一般说来，行有效之前要进行片选和 L-Bank 定址，但它们与行有效可以同时进行。

这个操作过程如下：

（1）行地址通过地址总线传输到地址引脚。

（2）$\overline{RAS}$引脚被激活，行地址被放入行地址选通电路（row address latch）。

（3）行地址解码器（row address decoder）选择正确的行然后送到传感放大器 S-AMP。

（4）$\overline{WE}$引脚此时不被激活，所以 DRAM 知道它们不是进行写操作。

这时的时序关系如图 2.6 所示。

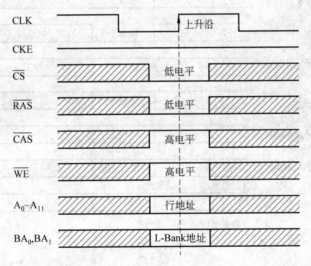

图 2.6　行有效过程中的时序

在行有效过程中，主要涉及 3 个时间关系：t_{RAS}、t_{RC} 和 t_{RP}，它们之间的时序关系如图 2.7 所示。

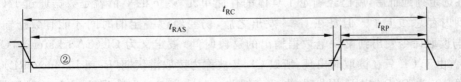

图 2.7　行有效过程中的 3 个时间关系

t_{RAS}：RAS(Row Address Strobe,行地址选通脉冲)信号有效时间。

t_{RC}：RC(Row Cycle,行周期)时间,是在一个 L-Bank 中两个相邻的激活命令之间的时间间隔。而在同一 Rank 不同 L-Bank 中,执行两个连续激活命令之间的最短的时间间隔被定义为 t_{RRD}(RAS to RAS Delay,行地址间延迟)。

t_{RP}：RP(RAS Precharge, RAS 预充电)时间。如前所述,它用来设定在另一行能被激活之前 RAS 需要的充电时间。t_{RP} 参数设置太长会导致所有的行激活延迟过长,设为 2 可以减少预充电时间,从而更快地激活下一行。然而,想要把 t_{RP} 设为 2 对大多数内存都是一个很高的要求,可能会造成行激活之前的数据丢失,内存控制器不能顺利地完成读写操作。

2) 列读写

行地址确定之后,就要对列地址进行寻址。在 SDRAM 中,行地址与列地址线在 $A_0 \sim A_{11}$ 中一起发出。CAS(Column Address Strobe,列地址选通脉冲)信号则可以区分开行与列寻址的不同。

在发出列寻址信号的同时发出读写命令,并用 $\overline{WE}$ 信号的状态区分是读还是写：低电平(有效)时是写命令,为高电平(无效)时是读命令。图 2.8 为列读写的时序。

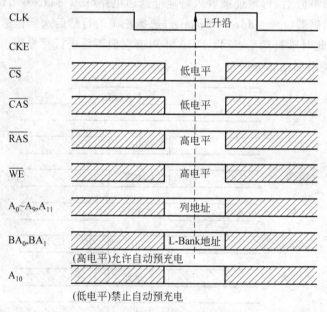

图 2.8　列读写的时序

在发送列读写命令时必须要与行有效命令有一个间隔,这个间隔被定义为 t_{RCD}(RAS to CAS Delay,RAS 至 CAS 延迟)。广义的 t_{RCD} 以时钟周期为单位,比如 $t_{RCD}=2$,就代表延迟周期为两个时钟周期。

在选定列地址后,就已经确定了具体的存储单元,剩下的事情就是数据通过 I/O 通道输出到内存总线上了。但是在 CAS 发出之后,仍要经过一定的时间才能有数据输出,从 CAS 与读取命令发出到第一笔数据输出的这段时间,被定义为 CL(CAS Latency,CAS 潜伏期)。由于 CL 只在读取时出现,所以 CL 又被称为读取潜伏期(Read Latency,RL)。

图 2.9 为 SDRAM 读周期中的时序细节。其中的 t_{OH} 为数据逻辑电平保持周期。

t_{AC}（Access time from CLK，时钟触发后的访问时间）是由如下原因引起的：S-AMP 的放大驱动要有一个准备时间才能保证信号的发送强度（事前还要进行电压比较以进行逻辑电平的判断）。这段时间称为 t_{AC}。t_{AC} 的单位是纳秒（ns），并且需要小于一个时钟周期。

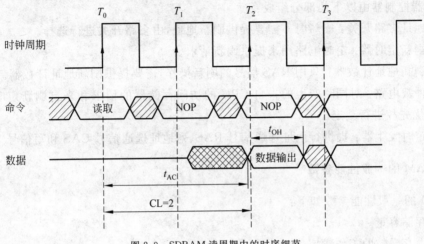

图 2.9　SDRAM 读周期中的时序细节

3. 突发传输

突发（burst）传输技术是指在同一行中相邻的存储单元连续进行数据传输的方式，连续传输所涉及的存储单元（列）的数量就是突发长度（Burst Lengths，BL）。

4. 数据掩码

数据掩码可以精确屏蔽一个 P-Bank 位宽中不需要的字节。

5. DRAM 的动态刷新

1）DRAM 动态刷新的特点
- DRAM 刷新采用"读出"方式进行。
- 刷新通常是一行一行进行的。
- 为了避免这种冲突，一般采取刷新优先的策略。

2）刷新周期与刷新方式
- 集中刷新（burst refresh）。
- 分散式刷新（distributed refresh）。
- 异步刷新（asynchronous refresh）。

6. 芯片初始化与预充电

芯片初始化即 MRS（Mode Register Set，模式寄存器设置），就是在对 SDRAM 进行数据存取之前，由 SDRAM 芯片内部的逻辑控制单元首先对其 MR（Mode Register，模式寄存器）进行设置。设置用的信息由地址总线供给。

预充电主要是对工作行中所有存储体进行数据回写。

7. 存储器控制器

存储器控制器由以下几部分组成：

（1）地址多路开关：刷新时不需要提供刷新地址，由多路开关进行选择。

（2）刷新定时器：定时电路用来提供刷新请求。

（3）刷新地址计数器：只用 RAS 信号的刷新操作，需要提供刷新地址计数器。

（4）仲裁电路：对同时产生的来自 CPU 的访问存储器的请求和来自刷新定时器的刷新请求的优先权进行裁定。

（5）定时发生器：提供行地址选通信号 RAS、列地址选通信号 CAS 和写信号 WE。

8. RAM 的一般性能参数

RAM 的一般性能参数如下：

（1）存储容量。

（2）内存颗粒的工作频率。

（3）存取时间 TAC(access time from CLK)是 RAM 完成一次数据存取所用的平均时间（以纳秒为单位），数值等于 CPU 发出地址到该读/写操作完成为止所用的时间，包括地址设置时间、延迟时间（初始化数据请求的时间和访问准备时间）。

（4）传输延迟。非数据传输时间的主要组成部分就是各种延迟与潜伏期。在众多的延迟和潜伏期中，对内存的性能影响至关重要的是 t_{CL}、t_{RCD} 和 t_{RP}。t_{RCD} 决定了行寻址（有效）至列寻址（读/写命令）之间的间隔，t_{CL} 决定了列寻址到数据进行真正被读取所花费的时间，t_{RP} 则决定了相同 L-Bank 中不同工作行转换的速度。

（5）工作电压。

（6）ECC(Error Checking and Correcting，差错校验)为存储器传输提供正确性保障。

（7）封装方式是将存储芯片集成到 PCB 板上的方式，它影响主存的稳定性和抗干扰性。

（8）可靠性指存储器在规定的时间内无故障工作的概率，通常用 MTBF 衡量。

（9）功耗。存储器的功耗可分为内部功耗和外部功耗。存储器主要由存储阵列及译码电路组成，内部功耗就是存储器内部电流引起的能量消耗，外部功耗就是存储器与外部电路进行工作时所产生的功耗。

9. DDR SDRAM 与 RDRAM

1) DDR SDRAM

• DDR SDRAM 允许在时钟脉冲的上升沿和下降沿都各传输一次数据。

• DDR SDRAM 可以利用这个数据滤波信号精确地定位数据，每 16 位输出一次。

• DDR SDRAM 采用 2b 预取技术。

4 代 DDR SDRAM 技术参数如表 2.2 所示。

表 2.2　DDR SDRAM 内存芯片基本参数

参数项目	DDR	DDR2	DDR3	DDR4
工作电压/V	2.5/2.6	1.8	1.5	1.2
I/O 接口	SSTL_25	SSTL_18	SSTL_15	
数据传输率/Gb/s	0.2~0.4	0.4~1.8	0.8~2.133	1.6~6.4
容量标准	8MB~128MB	256MB~512MB	64MB~1GB	2GB~16GB
存储潜伏期/ns	15~20	10~20	10~15	
CL 值	2/2.5/3	3/4/5/6	5/6/7/8	13
预取位数/b	2	4	8	8
L-Bank 数量	2/4	4/8	8/16	4/8/16
突发长度	2/4/8	4/8	8	8
引脚标准	184 pin,DIMM	240 pin,DIMM	240 pin,DIMM	288 pin,DIMM

2) RDRAM

RDRAM(Rambus DRAM)是美国 Rambus 公司研发的一种内存。它采用了串行数据传输模式,是一种总线式 DRAM,开始时使用 16 位数据总线,后来扩展到 32 位和 64 位。

RDRAM 在技术上有许多独到之处。它采用超高时钟频率(频率范围为 800~1200MHz)以及时钟双沿(上升沿和下降沿)传输数据,每一个 RDRAM 晶片的传输峰值可达到 6.4GB/s。此外,还采用串行模块结构——各个芯片用一条总线串接起来,像接力赛一样,前面的芯片写满数据后,后面的芯片才开始读入数据(DDR 是并行架构,不管数据流量多少,所有芯片都处于读取工作状态),这样可以简化产品设计。

2.1.4　辅助存储器

1. 磁表面存储器原理

磁记录格式规定了一连串的二进制数字信息与磁层存储元的相应磁化翻转形式互相转换的规则。不同的记录方式在下面几点上具有不同的特点:

- 自同步能力。
- 记录密度。
- 记录信息的可靠性。
- 编码效率。

几种典型的磁记录格式如下:

- 归零制(RZ):正脉冲表示 1,负脉冲表示 0。
- 不归零制(NRZ):在记录信息时,磁头线圈中总是有电流,不是正向电流就是反向电流,不需要磁化电流回到无电流的状态。
- 调相制(PE 或 PM):特点是中间有跳变,并且利用电流的跳变的方向记录 1 或 0。
- 调频制(FM 或 FD):特点是在两个信息的交界处写电流都要改变方向;并且利用中间有无跳变记录 1 或 0。

2. 硬磁盘存储器

1）磁盘的存储结构

磁盘的存储结构可划分为柱面（磁道）、盘面、扇区 3 个层次。

2）硬盘存储器的主要性能指标

（1）记录密度与硬盘容量记录密度分为道密度和位密度。道密度 D_t 是径向单位长度的磁道数，在数值上等于磁道距 P 的倒数，单位为 TPI（Tracks Per Inch）或 TPM（Tracks Per Millimeter）。位密度 D_b 也称线密度，是单位长度磁道所能记录的二进制信息的位数，单位是 bpi（bits per inch）或 bpm（bits per millimeter）。

（2）主轴转速。

（3）寻道时间。

（4）平均存取时间：近似等于平均寻区时间与寻道时间之和。

（5）缓冲存储区大小。

（6）数据传输率：硬盘的数据传输率分为内部数据传输率和外部数据传输率。内部数据传输率主要由主轴的旋转速度决定。外部数据传输率是系统总线与硬盘缓冲区之间的数据传输率，它与接口类型和缓存大小有关。

（7）误码率。

3）硬盘的接口标准

- IDE。
- SCSI。
- 光纤通道。
- SATA。

4）硬磁盘的格式化

- 低级格式化（low-level formatting），也称物理格式化。
- 硬盘的分区（partitioning）。
- 在 DOS 分区上执行的 FORMAT 操作也称逻辑格式化。

3. 磁盘阵列 RAID

1）RAID 概述

RAID 的特点有可靠性高、容量大、功耗低、体积小、成本低、快速响应和便于维护等。

RAID 技术的核心是采用分条（stripping）、分块（declustering）和交叉存取（interleaving）等方式，对存储在多个盘中的数据和校验数据进行组合处理，以满足存储系统的性能要求。

2）几种典型的 RAID 结构

- RAID0：传输数据的速度最快，适合于处理大文件。
- RAID1～RAID4：每个工作盘都有一个对应的镜像盘（mirror disk），在写数据时必须同时写入工作盘和镜像盘。
- RAID5：采用块交叉技术的可独立传输的磁盘阵列，不单独设校验盘，而是按某种规则把校验数据分布在组成阵列的磁盘上,从而解决了多盘争用校验盘的问题。

- RAID6:采用双磁盘驱动器容错的块交叉技术磁盘阵列。由于有两个磁盘驱动器用于存放检、纠错码,因而能有很高的数据有效性和可靠性。
- RAID7:采用分块技术,并且还采用了多数据通道技术和 Cache 技术,进一步提高了存取速度和可靠性。

4. 光盘存储器

1) 光盘存储技术的特点

- 记录密度高,存储容量大,容量一般都在 650MB 以上。
- 采用非接触方式读/写,没有磨损,可靠性高。
- 可长期(60~100 年)保存信息。
- 成本低廉,易于大量复制。
- 存储密度高,体积小,能自由更换盘片。
- 存取时间,即把信息写入光盘或从光盘上读出所需的时间,一般为 100~500ms。
- 误码率,即从光盘上读出信息时出现的差错位数与总位数之比,约为 10^{-10}~10^{-17}。
- 光盘的数据存取速率比磁盘低,基本速率(单倍速)为 150MB/s。

2) 光盘的类型

- CD-ROM(Compact Disc-Read Only Memory):只读光盘。
- CD-R(CD-Read):多次读,多次在 CD 空余部分可录写。
- CD-RW(CD-Read Write):多次读写。

3) 光盘规格

- CD-DA:红皮书(Red Book)规范,关于 CD 格式的第一个规格文件。
- CD-ROM:称为黄皮书(Yellow Book)规范,共有 3 种类型的光道。
- CD-I,有一个中央处理器,形成一个可以同时处理各种不同类型信息的计算机系统。
- 可录 CD-R:橙皮书(Orange Book)规范,允许用户把自己创作的影视节目或者多媒体文件写到盘上。
- VCD:白皮书(White Book)规范,定义的光道格式由长均为 2324B 的两种信息包组成,分别存储图像信号和声音信号。
- DVD:一种超级致密高存储容量光盘。
- 蓝光光盘、HD-DVD 和 HVD:新的 DVD 标准。

5. 闪速存储器

闪速存储器(flash memory)是 20 世纪 80 年代中期研制出的一种新型的电可擦除、非易失性记忆器件,兼有 EPROM 的价格便宜、集成密度高和 E^2PROM 的电可擦除、可重写的特性,而且擦除、重写速度快,一块 1Mb 的闪速存储器芯片,擦除、重写时间小于 $5\mu s$,比一般标准的 E^2PROM 要快得多,符合 ROM 的原理并具备 RAM 的功能。

2.1.5 存储体系

1. 存储系统的分层结构

容量、速度、成本的折中,迫使存储系统不得不从经济的角度考虑采用分层结构,而存储器访问的局部性保证了分层结构在技术上的可行性。

在层次结构的存储系统中,某一级的命中率是指对该级存储器来说,要访问的信息正好在这一级中的概率,即命中的访问次数与总访问次数之比。其中,最主要的是指CPU产生的逻辑地址能在内存中访问到的概率。它同传送信息块的大小、这一级存储器的容量、存储管理策略等因素有关。例如,一个二级存储系统由存储器 M_1 和 M_2 组成。设在执行或模拟一段有代表性的程序后,在 M_1 和 M_2 中访问的次数分别为 R_1 和 R_2,则 M_1 的命中率为

$$H = \frac{R_1}{R_1 + R_2}$$

评价存储体系的另一个更重要的指标是平均访问周期 T_A。它是与命中率关系密切的最基本的存储体系评价指标。CPU 对整个存储系统的平均访问周期为

$$T_A = HT_{A1} + (1-H)T_{A2}$$

如果存储层次中相邻两级的访问周期比值为 $r = T_{A2}/T_{A1}$,又规定存储层次的访问效率 $e = T_{A1}/T_A$,可以得出

$$e = T_{A1}/T_A = T_{A1}/(HT_{A1} + (1-H)T_{A2})$$
$$= 1/(H + (1-H)r) = 1/(r + (1-r)H)$$

层次结构存储系统所追求的目标应是 e 越接近 1 越好,也就是说,系统的平均访问周期越接近较快的一级存储器的访问周期(T_{A1})越好。e 是 r 和 H 的函数,提高 e 可以从 r 和 H 两个方面入手。

- 提高 H 的值,即扩充最高一级存储器的容量。但是这要付出很高的代价。
- 降低 r。当 $r=100$ 时,为使 $e>0.9$,必须使 $H>0.998$;而当 $r=2$ 时,要得到同样的 e,只要求 $H>0.889$。可见在层次结构存储系统中,相邻两级存储器间的速度差异不可太大。

2. 虚拟存储器

虚拟存储器的基本思想是通过某种策略把辅存中的信息一部分一部分地调入主存,以给用户提供一个比实际主存容量大得多的地址空间来访问主存。通常把能访问虚拟空间的指令地址码称为虚拟地址或逻辑地址,而把实际主存的地址称为物理地址或实存地址。物理地址对应的存储容量称为主存容量或实存容量。

1) 页式虚拟存储器

在页式虚拟存储器中,把虚存空间和实存空间划分成等长的块,分别称为虚页(或页面)和实页(或页框)。每个地址都由两部分组成:页号和页内地址。其特点如下:

- 按页进行管理,实地址与虚地址间的页内地址相同,虚/实地址转换就是页号转换。

- 页长度固定,页表设置方便,程序运行时只要有空页就能进行页调度,操作简单,开销小。
- 由于页的一端固定,程序不可能正好是页面的整数倍,产生一些不好利用的碎片,并且会造成程序段跨页的现象,给查页表造成困难,增加查页表的次数,降低效率。

2）段式虚拟存储器

特点如下：
- 与模块化程序相适应,段号是程序分段的代号,也是程序功能名称的代号,便于程序段公用,且按段调用可以提高命中率。
- 虚实地址转换依照段表进行。
- 由于各段长度不等,所以段表中应指出的主要内容有段号、段首址、段长等。
- 段长不等,虚段调入主存时,主存分配困难。

3）段页式虚拟存储器

段页式虚拟存储器的基本思想是,先将存储空间等分为页,同时将程序分成段,每一段由若干页组成。它结合了页式和段式的优点,是一种较好的虚拟存储体系结构。

3. Cache-主存结构

1）Cache 的特点

（1）Cache 一般由存取速度高的 SRAM 元件组成,其速度与 CPU 相当。

（2）Cache 与虚拟存储器的基本原理相同,都是把信息分成基本的块并通过一定的替换策略,以块为单位,由低一级存储器调入高一级存储器,供 CPU 使用。但是,虚拟存储器的替换策略主要由软件实现,而 Cache 的控制与管理全部由硬件实现。因此 Cache 效率高,并且其存在和操作对程序员和系统程序员透明。而虚拟存储器中,页面管理虽然对用户透明,但对程序员不透明;段管理对用户可透明也可不透明。

（3）Cache 的价格较贵,为了保持最佳的性能价格比,Cache 的容量应尽量小,但太小会影响命中率,所以 Cache 的容量是性能价格比和命中率的折中。如 80386 的主存最大容量为 4GB,与之配套的 82385 Cache 的容量为 16KB 或 32KB,命中率在 95％以上。

2）Cache 的读/写过程

Cache 的工作是基于程序访问的局部性的。主存和 Cache 都划分块,每块由多字组成,两者之间以块为单位交换信息,并将块的位置称为槽。

Cache 的写操作比读操作要复杂。因为 Cache 中保存的是主存中的某些信息的副本,所以有 Cache 与主存内容一致的问题。解决一致性问题的方法因写操作的过程而异。目前主要有以下几种：

（1）写直达法,即同时写入主存和 Cache,也称通过式写。

（2）写回法,也称标志交换方式,即数据暂时写入 Cache,并用标志将该块注明,等需要将该块替换回主存时,才写回主存。

（3）数据只写入主存,同时将 Cache 中相应块的有效位置 0,使之失效。需要时从主存中调入,才可使用。

3）Cache 的工作原理

Cache 的基本原理如图 2.10 所示。Cache 主要由 Cache 存储体、Cache-主存地址映像、Cache 替换机构组成。

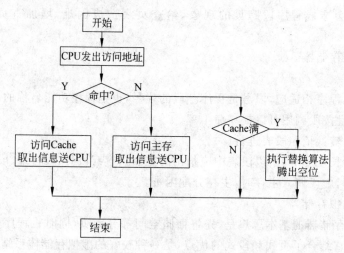

(a) Cache的地址映像过程

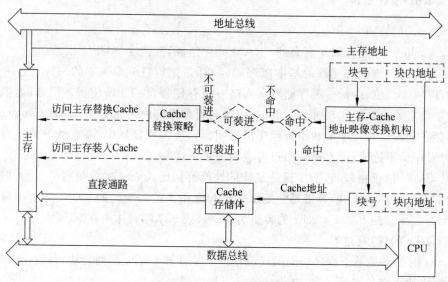

(b) Cache结构与工作原理

图 2.10　Cache 的工作原理

（1）Cache 存储体。

Cache 存储体以块为单位与主存交换信息，并规定以 Cache 通道写数读数取指令的优先顺序访问主存。为加速 Cache 与主存之间的调块，主存可采用多端口存储器。这样在块失效时，最多花费一个主存周期，CPU 就能得到所需的信息。

（2）地址映像。

地址映像的功能是将 CPU 送来的主存地址转换为 Cache 地址。由于主存与 Cache 中块的大小相同,块内地址都是相对于块的起始地址的偏移量(低位地址),所以地址映像主要是主存块号(高位地址)与 Cache 块号间的转换。地址映像是决定命中率的一个重要因素。

地址映像的方法有多种,选择时应考虑的因素较多,下面是应考虑的主要因素。

- 硬件实现的容易性。
- 速度与价格因素。
- 主存利用率。
- 块(页)冲突(一个主存块要进入已被占用的 Cache 槽)概率。

主要的几种算法有直接映像(固定的映像关系)、全相联映像(灵活性大的映像关系)、组相联映像(上述两种的折中)和段相联映像(全相联映像和组相联映像的结合)。

(3) 替换算法。

替换算法发生在有冲突发生,即新的主存页需要调入 Cache,而它的可用位置已被占用时。这时替换机构应根据某种算法指出应移去的块,再把新块调入。替换机构是根据替换算法设计的。替换算法很多,要选定一个算法,主要看访问 Cache 的命中率如何,其次要看是否容易实现。一种较好的算法称为 LRU 算法。它的基本思想是把最近使用最少的块替换出去。这种算法能较好地反映程序的局部性特征,可以获得较高的命中率。为了反映每个块的使用情况,要为每个块设置一个计数器。

Cache 总体分为内部 Cache 和外部 Cache 两类。内部 Cache 被集成在 CPU 芯片上,外部 Cache 被安装在主板上。

2.2 习题解析

2.1 存储器的带宽有何物理意义?某存储器总线宽度为 32 位,存取周期为 250ns,这个存储器带宽是多少?

解:存储器带宽的物理意义是指每秒钟访问的二进制位的数目,标明一个存储器在单位时间处理信息量的能力。

若总线宽度为 32 位,存储周期为 250ns,则存储器带宽为

$$32\text{b}/250\text{ns} = 32 \times 10^9 \text{b}/250\text{s} = 128\text{Mb/s}$$

2.2 设计一个用 $64\text{K} \times 1\text{b}$ 的芯片构成 $256\text{K} \times 16\text{b}$ 的存储器,画出组织结构图。

解:

(1) 要用 $64\text{K} \times 1\text{b}$ 的芯片构造 $256\text{K} \times 16\text{b}$ 的存储器,需要字、位同时扩展,共用芯片 $256/64 \times 16/1 = 64$ 片。

(2) 主存容量为 $256\text{KB} = 2^{18}\text{B}$,即共需地址线 18 根。

(3) 组织结构如图 2.11 所示。其中,$A_0 \sim A_{15}$ 用来选择片内地址,A_{16} 和 A_{17} 作为片选信号。

2.3 若 2114 是排列成 64×64 阵列的六管存储芯片,试问组成 $4\text{K} \times 16\text{b}$ 的存储器共需多少片 2114?画出逻辑框图。

解:Intel 2114 芯片一片的容量为 $1\text{K} \times 4\text{b}$,采用双译码线路。要组成 $4\text{K} \times 16\text{b}$ 的存储器,需要 2114 芯片 16 片。片内地址需要 10 根地址线,用 $A_0 \sim A_9$;片选需要 2 位地址线,

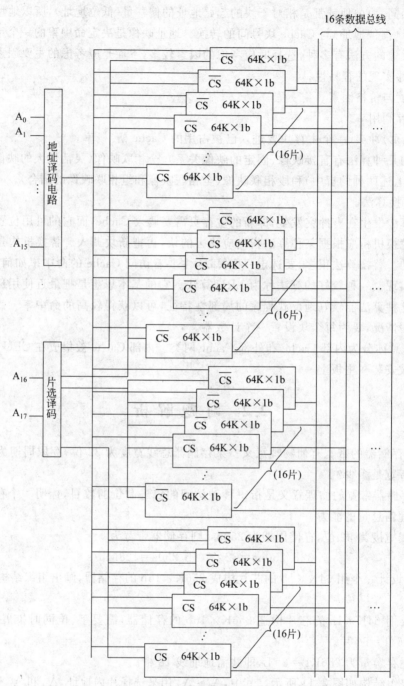

图 2.11 256×16b 的存储器的组织结构图

用 $A_{10} \sim A_{11}$。其组织结构如图 2.12 所示。

2.4 在 2.3 题中,如果存储器以字节编址,CPU 用一根控制线指明所寻址的是字还是字节。试设计这根控制线的连接方法。

解:若以字节编址,则容量要扩大两倍,因此需要增加一根地址线 A_{12},设 CPU 的控制

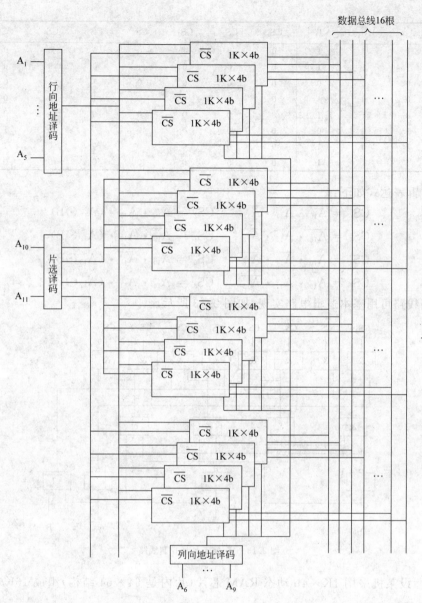

图 2.12　4K×16b 的存储器的组织结构图

信号为 B，16 片分为 8 组，每组的片选信号分别为 CS_1、CS_2、CS_3、CS_4、CS_5、CS_6、CS_7、CS_8，则信号为 B。片选信号与 A_{10}、A_{11}、A_{12}、B 有关。其真值表如表 2.3 所示。

表 2.3　片选信号与地址信号和控制信号 B 的逻辑真值表

A_{10}	A_{11}	A_{12}	B	CS_1	CS_2	CS_3	CS_4	CS_5	CS_6	CS_7	CS_8
0	0	0	0	1	1	0	0	0	0	0	0
0	0	0	1	1	0	0	0	0	0	0	0
0	0	1	1	0	0	1	0	0	0	0	0
0	1	0	0	0	0	1	1	0	0	0	0

A_{10}	A_{11}	A_{12}	B	CS_1	CS_2	CS_3	CS_4	CS_5	CS_6	CS_7	CS_8
0	1	0	1	0	0	1	0	0	0	0	0
0	1	1	1	0	0	0	1	0	0	0	0
1	0	0	0	0	0	0	0	1	1	0	0
1	0	0	1	0	0	0	0	1	0	0	0
1	0	1	1	0	0	0	0	0	1	0	0
1	1	0	0	0	0	0	0	0	0	1	1
1	1	0	1	0	0	0	0	0	0	1	0
1	1	1	1	0	0	0	0	0	0	0	1

其逻辑表达式如下：

$$CS_1 = \overline{A_{10}} \cdot \overline{A_{11}} \cdot \overline{A_{12}} \qquad CS_2 = \overline{A_{10}} \cdot \overline{A_{11}} \cdot (A_{12} \odot B)$$

$$CS_3 = \overline{A_{10}} \cdot A_{11} \cdot \overline{A_{12}} \qquad CS_4 = \overline{A_{10}} \cdot A_{11} \cdot (A_{12} \odot B)$$

$$CS_5 = A_{10} \cdot \overline{A_{11}} \cdot \overline{A_{12}} \qquad CS_6 = A_{10} \cdot \overline{A_{11}} \cdot (A_{12} \odot B)$$

$$CS_7 = A_{10} \cdot A_{11} \cdot \overline{A_{12}} \qquad CS_8 = A_{10} \cdot A_{11} \cdot (A_{12} \odot B)$$

控制线路可用基本逻辑电路实现，如图 2.13 所示。

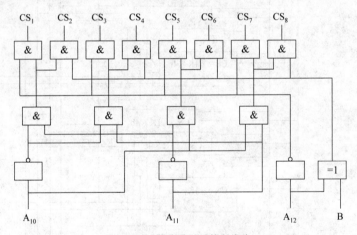

图 2.13 字、字节地址控制线路

2.5 设某机采用 1K×4b 动态 RAM 芯片（片内是 64×64 结构）组成 16K×8b 的存储器。

（1）设计该存储器共需几片 RAM 芯片？

（2）画出存储体组成框图。

解：

（1）存储器共需 16÷1×8÷4＝32 片。

（2）存储器组成框图如图 2.14 所示。

2.6 已知某 8 位机的主存采用半导体存储器，其地址码为 18 位，若使用 4K×4b 的静态 RAM 芯片组成该机所允许的最大主存空间，并选用模板块结构，问：

（1）若每个模板块为 32K×8b，共需几个模板块？

（2）每个模板内共有多少片 RAM 芯片？

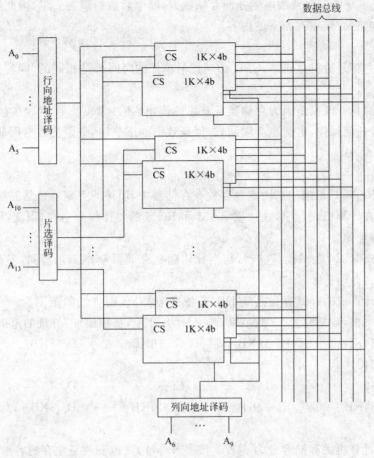

图 2.14 存储体组成框图

（3）主存共需多少 RAM 芯片？CPU 如何选择各模板？

解：

（1）该机的地址码为 18 位，字长 8 位，故该机的主存容量为 $2^{18} \times 1B = 256KB$，模板块为 $32K \times 8b$ 则需要 $256K \div 32 = 8$ 块。

（2）每个模板块需要 $32 \div 4 \times 8 \div 4 = 8 \times 2 = 16$ 片。

（3）主存共需 $16 \times 8 = 128$ 片。CPU 可用 3 位地址码选择 8 个模板块。

2.7　下面是关于存储器的描述，请判断正误（正确用 T（True）表示，不正确用 F（False）表示）。

（1）CPU 访问存储器的时间是由存储体的容量决定的，存储容量越大，访问存储器所需的时间就越长。

（2）因为动态存储器是破坏性读出的，必须不断地刷新。

（3）随机半导体存储器（RAM）中的任何一个单元都可以随时访问。

（4）只读存储器（ROM）中的任何一个单元不能随机访问。

（5）一般情况下，ROM 和 RAM 在存储体中是统一编址的。

（6）由于半导体存储器加电后才能存储数据，断电后数据就丢失了，因此用 EPROM 作为存储器，加电后必须重写原来的内容。

解：

（1）F。主存是随机存储器，CPU 访问任何单元的时间都是相同的，同容量的大小没有关系。

（2）F。刷新不仅仅是因为存储器是破坏性读出，还在于动态存储器在存储数据时，即使存储器不做任何操作，电荷也会泄漏，为保证数据的正确性，必须使数据周期性地再生，即刷新。

（3）T。

（4）F。ROM 只是把信息固定地存放在存储器中，而访问存储器仍然是随机的。

（5）T。在计算机设计中，往往把 RAM 和 ROM 的整体作为主存，因此，RAM 和 ROM 一般是统一编址的。

（6）F。EPROM 是只读存储器，与半导体随机存储器制作工艺不同，不会因掉电丢失数据。

2.8 某计算机的存储容量是 64KB，若按字节寻址，则寻址的范围为 ___(1)___，需要地址线为 ___(2)___ 根，数据线为 ___(3)___ 根；若字长为 32 位，按字编址，寻址的范围为 ___(4)___。

（1）A. 64KB   B. 32KB   C. 16KB   D. 8KB

（2）A. 64   B. 16   C. 8   D. 6

（3）A. 32   B. 16   C. 8   D. 4

（4）A. 64KB   B. 32KB   C. 16KB   D. 8KB

解：

（1）A。计算机的存储容量为 64KB，按字节寻址，其范围就是主存的容量。

（2）B。64KB 需要 2^{16} 个状态来表示，即需 16 根地址线。

（3）C。按字节寻址，每个数据的长度为 8 位，因此需要 8 根数据线。

（4）C。字长 32 位，按字寻址，每个数据的长度为 32 位，主存的总容量为 64KB，则共有单元个数为 64K/4＝16K。

2.9 某存储器容量为 4KB，其中，ROM 2KB，选用 EPROM $2K\times8b$/片；RAM 2KB，选用芯片 RAM $1K\times8b$/片；地址线 $A_{15}\sim A_0$。写出全部片选信号的逻辑式。

解： 根据要求，ROM 的容量为 2KB，故只需 1 片 EPROM；而 RAM 的容量为 2KB，故需 2 片 RAM。对于 ROM 片内地址为 11 位，用了地址线的 $A_{10}\sim A_0$。RAM 片内地址为 10 位，用了地址线的 $A_9\sim A_0$。主存中有 3 片芯片，至少需要 2 位地址信号加以区别，按其总容量需要 12 根地址线，可以考虑用 1 根地址线 A_{11} 作为区别 EPROM 和 RAM 的片选信号；对于 2 片 RAM 芯片，可利用 A_{10} 来区别其片选信号。由此，可得到如下的逻辑表达式：

$$CS_1 = \overline{A_{10}} \cdot \overline{A_{11}} \cdot \overline{A_{12}} \qquad CS_2 = \overline{A_{10}} \cdot \overline{A_{11}} \cdot (A_{12} \odot B)$$

$$CS_3 = \overline{A_{10}} \cdot A_{11} \cdot \overline{A_{12}} \qquad CS_4 = \overline{A_{10}} \cdot A_{11} \cdot (A_{12} \odot B)$$

$$CS_5 = A_{10} \cdot \overline{A_{11}} \cdot \overline{A_{12}} \qquad CS_6 = A_{10} \cdot \overline{A_{11}} \cdot (A_{12} \odot B)$$

$$CS_7 = A_{10} \cdot A_{11} \cdot \overline{A_{12}} \qquad CS_8 = A_{10} \cdot A_{11} \cdot (A_{12} \odot B)$$

2.10 请画出八体交叉主存系统中的编址方式。

解：在八体交叉主存系统中可以采用两种编址方式：低位交叉和高位交叉。其编址方式如图 2.15 所示。

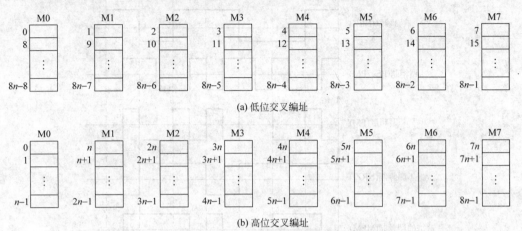

图 2.15　八体交叉主存系统中的编址方式

低位交叉编址：其中低 3 位为体号。

高位交叉编址：其中高 3 位为体号。

2.11　在 8 体交叉主存系统中，若每体并行读出两个字，每字长两个字节，主存周期为 T，求该存储器的最大带宽。

解：存储器带宽是指单位时间内能读出的二进制位数。若每体能并行读出 2 个字，八体交叉存储器在 1 个周期内最多可读出 16 个字，每个字长为 2B，即 16b，则此存储器的带宽为每周期 $16 \times 16b = 256b$。

2.12　欲将 10011101 写入磁表面存储器中：

(1) 分别画出归零制、不归零制、调相制、调频制的写入电流波形。

(2) 改进不归零制（NRZI）的记录原则是见 1 就翻，即当记录 1 时写电流要改变方向；记录 0 时不改变方向。画出它的电流波形。

(3) 改进调频制（MFM）与调频制方式的区别在于：FM 在信息元交界处写电流总要改变一次方向；而 MFM 仅当连续记录两个 0 时在信息元交界处翻转一次；其他情况不翻转。画出 MFM 的写电流波形。

解：各种不同方式写入电流的波形图如图 2.16 所示。

2.13　磁盘上的磁道是 ___(1)___，在磁盘存储器中的查找时间是 ___(2)___，活动头磁盘存储器的平均存取时间是指 ___(3)___，磁道长短不同，其所存储的数据量 ___(4)___。

(1) A. 记录密度不同的同心圆　　　　　　　　B. 记录密度相同的同心圆

　　　C. 阿基米德螺线

(2) A. 磁头移动到要找的磁道时间　　　　　　B. 在磁道上找到扇区的时间

　　　C. 在扇区中找到数据块的时间

(3) A. 平均找道时间　　　　　　　　　　　　B. 平均找道时间＋平均等待时间

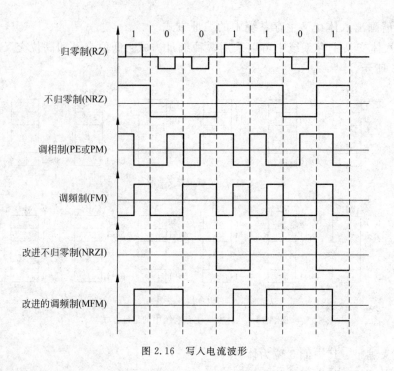

图 2.16　写入电流波形

  C. 平均等待时间

（4）A. 相同　　　　　　　　B. 长的容量大　　　　　　C. 短的容量大

  解：（1）A；（2）A；（3）B；（4）A

  （1）磁盘上的磁道和唱盘不同，是一圈圈的同心圆，每个磁道容量相同，因此，每条磁道上的密度不同。

  （2）在磁盘上存取数据时，地址由两部分组成：磁道和扇区。把磁头移动到要找的磁道的时间称为查找时间，找到磁道后把要找的扇区转到磁头下所需的时间称为等待时间。

  （3）由（2）可知，要查找一个磁盘地址需要有两个时间：查找时间和等待时间。这两个时间不能唯一地确定，与磁头上次的位置和磁盘上次旋转的位置有关，因此其存取时间只能用平均查找时间与平均等待时间的和来计量。

  （4）见（1）。

  2.14　某磁盘组有 4 个盘片，5 个记录面。每个记录面的内磁道直径为 22cm，外磁道直径为 33cm，最大位密度为 1600b/cm，道密度为 80 道/cm，转速为 3600rpm。

  （1）磁盘组的总存储容量是多少位（非格式化容量）？

  （2）最大数据传输率是每秒多少字节？

  （3）请提供一个表示磁盘信息地址的方案。

  解：

  （1）总容量＝每面容量×记录面数

    每面容量＝某一磁道容量×磁道数

    某磁道容量＝磁道长×本道位密度

在本题中给出了最大位密度，即最内磁道的密度，并给出了内径，因此可计算出

最内磁道的容量 = $1600 \times 22 \times 3.14 = 110528$ B

磁道数 = 排列磁道的半径长 × 道密度 = $(33-22)/2 \times 80 = 400$ 道

最后得该磁盘组的容量：

$$110528 \times 400 \times 5 = 221056000 \text{B}。$$

(2) 最大数据传输率=转速×某柱面的容量=$3600/60 \times 5 \times 110528 = 331586400$ B/s。

(3) 磁盘地址由磁盘面、柱面号、扇区号构成，扇区中又以数据块进行组织。由上述计算看出：盘面有 5 个，需 3 位；柱面有 400 个，需 9 位；扇区一般为 9 个，需要 4 位地址。因此磁盘地址共由 18 位 M 进制构成。

2.15 某磁盘存储器转速为 3000rpm，共有 4 个记录面，每毫米 5 道，每道记录信息为 12 288B，最小磁道直径为 230mm，共有 275 道。

(1) 该磁盘存储器的容量是多少？

(2) 磁盘数据传输率是多少？

(3) 平均等待时间是多少？

解：

(1) 磁盘容量=$412288 \times 275 = 13516800$ B

(2) 传输率=$3000/60 \times 12288 = 614400$ B

(3) 平均等待时间=$1 \div (2 \times 转速) = 1 \div (2 \times 3000/60) = 0.1\text{s} = 10\text{ms}$

2.16 某磁盘存储器的转速为 3000rpm，共 4 个盘面，道密度 5 道/mm，每道记录信息为 12 288B，最小磁道直径为 230mm，共 275 道。

(1) 该磁盘存储器的容量？

(2) 最高位密度和最低位密度？

(3) 磁盘的数据传输率？

解：

(1) 磁盘容量=$275 \times 12288 \times 4 = 13516800$ B

(2) 最高位密度=$12288/(3.14 \times 230) = 17$ B/mm

最低位密度=$12288/(3.14 \times (2 \times 275/5 + 230)) = 11.51$ B/mm

(3) 数据传输率=$12288 \times 3000/60 = 614400$ B/s

(4) 平均等待时间=$60/(2 \times 3000) = 10$ms

2.17 选择填空。

(1) Cache 的内容应与主存储器的相应单元的内容_____。

    A. 保持一致   B. 可以不一致   C. 无关

(2) Cache 的速度应比从主存储器取数据的速度_____。

    A. 快   B. 稍快   C. 相等   D. 慢

(3) Cache 的内容是由_____调入的。

    A. 操作系统   B. 执行程序时逐步   C. 指令系统设置的专用指令

(4) 虚拟存储器的逻辑地址位数比物理地址_____。

    A. 多   B. 相等   C. 少

解：(1) A；(2) A；(3) B；(4) A

（1）Cache 中实际上是主存的一个副本，因此其内容必须与主存相应的内容保持一致。

（2）Cache 的作用就是为了提高存取速度，肯定要比主存速度快。

（3）Cache 中内容的调入调出是由硬件实现的，在程序执行时逐步调入。

（4）使用虚拟存储器就是要为程序员提供比物理空间大得多的虚拟编程空间，因此虚拟存储器的逻辑地址位数要比物理地址多。

2.18　能不能把 Cache 的容量扩大，然后取代现在的主存？

解：从理论上讲，是可以取代的，但在实际应用时有如下两方面的问题：

（1）存储器的性能价格比下降，用 Cache 代替主存，主存价格增长幅度大，在速度上比带 Cache 的存储器提高不了多少。

（2）用 Cache 作主存，则主存与辅存的速度差距加大，在信息调入调出时，需要更多的额外开销。

因此，从现实而言，难以用 Cache 取代主存。

2.19　存储系统的层次结构可以解决什么问题？实现存储器层次结构的先决条件是什么？用什么度量？

解：存储器层次结构可以提高计算机存储系统的性能价格比，即在速度方面接近最高级的存储器，在容量和价格方面接近最低级的存储器。

实现存储器层次结构的先决条件是程序局部性，即存储器访问的局部性是实现存储器层次结构的基础。其度量方法主要是存储系统的命中率，由高级存储器向低级存储器访问数据时，能够得到数据的概率。

2.20　试比较在多级存储系统中，Cache-主存与虚拟存储器之间的异同。

解：在多级存储系统中，虚拟存储器实际上对于主存-辅存之间的调度关系与 Cache-主存有许多相似之处，也有一些不同。

它们之间的相似之处有：

（1）目的相似。都是为了提高存储系统的性能价格比，力度使性能接近高速存储器一方，使容量和价格接近低速存储器一方。

（2）原理相同。它们都是利用了程序运行时的局部性原理，把最近常用的信息块从慢速的大容量存储器提取到高速但小容量的存储器中。

（3）思路相近。都是分块进行调度，并且调度都采用一定的替换策略以提高继续运行时的命中率。

（4）算法相同。它们采用的地址变换、地址映像方式和替换算法是相同的。

它们之间的不同之点如表 2.4 所示。

表 2.4　Cache-主存与虚拟存储器之不同之处

不同点	Cache-主存	虚拟存储器
侧重点	解决主存与 CPU 之间的差异	解决主存的容量不足
实现手段	完全硬件实现	软件（操作系统）与硬件共同实现
与 CPU 的通路	Cache 和主存都与 CPU 有直接通路	只有主存与 CPU 有直接通路，辅存没有
透明性	对系统程序员和应用程序员透明	仅对应用程序员透明
块的划分	定长，且只有几十字节	定长（页）或不定长（段），长度也比较大

2.21 设主存储器容量为 4MB,虚拟存储器容量为 1GB,则虚拟地址和物理地址各为多少位? 根据寻址方式计算出来的有效地址是虚拟地址还是物理地址?

解:虚拟存储容量 $1GB=2^{30}B$,因此虚地址需要 30 位;主存容量 $4MB=2^{22}B$。因此实地址需要 22 位。程序中寻址方式计算出的有效地址是虚地址。

2.22 假设可供用户程序使用的主存容量为 100KB,而某用户的程序和数据所占的主存容量超过 100KB,但小于逻辑地址所表示的范围,请问具有虚拟存储器与不具有虚拟存储器对用户有何影响?

解:如果无虚拟存储器,用户就要对程序进行准确分段,并要考虑哪段存放在主存,哪段存放在辅存,何时从辅存调入主存,何时从主存调入辅存,主存空间如何分配,地址如何编写等,用户编程负担很重。如有虚拟存储器,用户就可不考虑上述问题,编程任务变得简化。

2.23 在 2.22 题中,如果页面大小为 4KB,页表长度为多少?

解:若页面大小为 4KB,则主存容量 100KB 可分为 25 页,页表长度应当有 25 个字。

2.24 在虚拟存储器中,术语物理空间和逻辑空间有何联系和区别?

解:物理空间指实际地址对应的空间,也称实存空间;逻辑空间指程序员编程时可用的虚地址对应的地址空间,也称虚存空间。一般情况下,逻辑空间远远大于物理空间。物理空间是在运行程序时计算机能提供的真正的主存空间;逻辑空间则是用户编程时可以运用的虚拟空间,程序运行时,必须把逻辑空间映射到物理空间。

2.25 在页式虚拟存储器中,若页面很小或很大,各会对操作速度产生什么影响?

解:在页式虚拟存储器中,若页面很小,则页面的个数就会过多,页表的体积随之增大,检查是否命中的时间也随之增长,操作速度将变慢;若页面很大,则页面的个数就会过少,缺页率就会升高,随之调入调出的频率增加,也会降低操作速度。

2.26 某计算机主存的地址空间大小为 512MB,按字节编码;虚拟地址空间为 4GB,采用页式存储管理,页面大小为 4KB,TLB(块表)采用全相联映射,有 4 个页表,页表项如表 2.5 所示。

表 2.5 题 2.26 全相联映射对应的页表项

有效位	标记	页框号	...
0	FF180H	0002H	...
1	3FFF1H	0035H	...
2	02FF3H	0351H	...
3	03FFFH	0153H	...

则对虚地址 03FFF180H 进行虚实地址变换的结果是_____。

    A. 0153180H   B. 0035180H   C. TLB 缺失   D. 缺页

解:由页面大小为 4KB 可知页内地址为 12 位。于是可以从虚拟地址 03FFF180H 中取最后 3 个字符(一位十六进制数相当于 4 位二进制数)作为页内地址,剩余的部分 03FFFH 就是标记——虚页号,对应的页框号为 0153H。再将页框号与页内地址拼接,得到的实地址为 0153180H。

2.27 从下列有关存储器的描述中选出正确的答案。

（1）多体交叉存储器主要解决扩充容量问题。

（2）在计算机中,存储器是数据传送的中心,但访问存储器的请求是由 CPU 或 I/O 发出的。

（3）在 CPU 中通常都设置若干个寄存器,这些寄存器与主存统一编址。访问这些寄存器的指令格式与访问存储器是相同的。

（4）Cache 与主存统一编址,即主存空间的某一部分属于 Cache。

（5）机器刚加电时,Cache 无内容,在程序运行过程中 CPU 初次访问存储器某单元时,信息由存储器向 CPU 传送的同时传送到 Cache;当再次访问该单元时即可从 Cache 取得信息(假设没有被替换)。

（6）在虚拟存储器中,辅助存储器与主存储器以相同的方式工作,因此允许程序员用比主存空间大得多的辅存空间编程。

（7）Cache 的功能全由硬件实现。

（8）在虚拟存储器中,逻辑地址转换成物理地址是由硬件实现的,仅在页面失效时才由操作系统将被访问页面从辅存调到主存,必要时还要先把被淘汰的页面内容写入辅存。

（9）内存与外存都能直接向 CPU 提供数据。

解:(2)、(5)、(7)正确,其余是错误的。

（1）多体交叉存储主要是为了提高存取速度,增加存储器带宽。

（3）机器中的寄存器常常是独立编址的,因此访问寄存器的指令格式与访问存储器的指令格式不同。

（4）Cache 是单独编址的,它不是主存的一部分,比主存的存取速度要快一个数量级。

（6）在虚拟存储器中,之所以允许程序员用比主存空间大得多的辅助空间编程,并不是因为辅存与主存的工作方式相同,而是因为在主存与辅存之间加了一级存储管理机制,由机器自动进行主辅存信息的调度。

（8）在虚拟存储器中,主要通过存储管理软件来进行虚实地址的转换。

（9）外存不能直接向 CPU 提供数据,CPU 需要数据时,向主存发出请求,若主存中无此数据,由存储管理软件从辅存中调入,然后再提供给 CPU。

2.3　自　测　练　习

2.3.1　选择题

1. 在以下几种存储器中,使用时需要刷新的是_____。
    A. CD-ROM　　　　B. SRAM　　　　C. DRAM　　　　D. EPPROM

2. 动态存储器的刷新是以_____为单位进行的。
    A. 存储单元　　　　B. 内存颗粒　　　　C. 字节　　　　D. 行

3. 动态 MOS RAM 与静态 MOS RAM 相比,其优点在于_____。
    A. 速度快　　　　　　　　　　　B. 价格低、存储密度高
    C. 信息不易丢失　　　　　　　　D. 容量可以随应用任务动态变化

4. 某 DRAM 芯片的存储容量为 512K×8b,以字节寻址,该芯片的地址线和数据线分别为_____根和_____根。

    A. 512,8   B. 8,512   C. 19,8   D. 8,18

5. 某单片机字长为 32 位,存储器容量为 1MB,按半字(16 位)编址,编址范围为_____。

    A. 0~1FFFFH   B. 0~2FFFFH   C. 0~7FFFFH   D. 以上都不对

6. 主存的存储单元为 16 位,则其_____。

    A. 地址线为 16 根   B. 数据线为 16 根

    C. 大于 16 根数据线   D. 小于 16 根数据线

7. 主存一般由_____组成。

    A. PROM   B. ROM   C. SRAM   D. DRAM

8. EPROM 是指_____。

    A. 只读存储器   B. 可编程的只读存储器

    C. 可擦可编程的只读存储器   D. 可擦存储器

9. 计算机存储器的读写时间数量级为_____。

    A. 微秒(μs)   B. 纳秒(ns)   C. 秒(s)   D. 毫秒(ms)

10. 主机的各种周期中时间最小的是_____。

    A. CPU 周期   B. 写周期   C. 时钟周期   D. 读周期

11. 计算机字长是 16 位,它的存储容量是 128KB,按字编址,它的寻址范围是_____。

    A. 64KB   B. 32KB   C. 128KB   D. 1MB

12. 某计算机用 16 位来表示地址,其应有_____个地址空间。

    A. 2^{15} B. 65536   C. $2^{15}-1$ D. 16×16

13. 存储器容量为 4MB,32 位字长,需要 512×8b 芯片_____片构成。

    A. 4   B. 8   C. 16   D. 12

14. 交叉编址多体存储器采用_____结构,能够_____执行。

    A. 模块式,串行   B. 交叉式,串行

    C. 模块式,并行   D. 交叉式,并行

15. 容量为 1MB 的 16 个存储器构成多体存储器,要区分多体需_____条地址线。

    A. 4   B. 8   C. 16   D. 2

16. 硬盘的盘面上不同半径的同心圆所存储的数据量是_____。

    A. 半径大的同心圆存储数据量大   B. 半径小的同心圆存储数据量大

    C. 所有同心圆数据存储量相等   D. 不确定

17. 某硬盘组由 5 个双面盘片组成,则应该有_____读写头。

    A. 6   B. 5   C. 10   D. 8

18. 磁盘存储器读写所等待的时间为_____。

    A. 磁盘旋转一周所需的时间   B. 磁盘旋转两周所需的时间

    C. 磁盘旋转半周所需的时间   D. 以上都不对

19. 磁盘存储器的记录方式采用_____。

    A. 归零制   B. 不归零制   C. 改进的调频制   D. 调相制

20. 具有自同步能力的记录方式是_____。

    A. NRZ0   B. NRZ1   C. PM   D. MFM

21. 磁盘存储器的等待时间通常是指_____。

    A. 磁盘旋转半周所需的时间   B. 磁盘转 2/3 周所需的时间

    C. 磁盘转 1/3 周所需的时间   D. 磁盘转一周所需的时间

22. 磁盘驱动器向盘片磁层记录数据时采用_____方式写入。

    A. 并行   B. 串行   C. 并行-串行   D. 串行-并行

23. 为了使设备相对独立,磁盘控制器的功能全部转到设备中,主机与设备间采用_____接口。

    A. SCSI   B. 专用   C. ESDI

24. 若磁盘的转速提高一倍,则_____。

    A. 平均存取时间减半   B. 平均找道时间减半

    C. 存储密度可以提高一倍   D. 平均定位时间不变

25. CD-ROM 光盘是_____型光盘,可用作计算机的_____存储器和数字化多媒体设备。

    A. 重写,内   B. 只读,外   C. 一次,外

26. 在主存和 CPU 之间增加 Cache 的目的是_____。

    A. 扩大主存容量   B. 解决 CPU 与主存之间的速度匹配

    C. 提高主存速度   D. 提高主存速度和扩大主存容量

27. 虚拟存储器由_____组成。

    A. Cache-辅存   B. 主存-Cache   C. 主存-辅存   D. Cache-辅存

28. Cache 的内容与主存储器的相应单元内容_____。

    A. 无关   B. 可以不同   C. 应保持一致   D. 以上都不对

29. 在程序执行过程中,Cache 与主存之间的地址映射是由_____完成的。

    A. 操作系统   B. 程序员手工

    C. 操作系统与程序员   D. 硬件自动

30. Cache 与虚拟存储器的一个重要的共同点是它们都是_____的应用。

    A. 程序局部性原理   B. 性能价格比优化

    C. 摩尔法则   D. 程序模块化

31. 存储器容量为 128KB,按字节编址,其虚拟存储器每页有 256 个单元,它可分_____页。

    A. 256   B. 128   C. 512   D. 1024

32. Cache 的内容是由_____控制调度的。

    A. 硬件   B. 专用指令   C. 程序   D. CPU

2.3.2 填空题

1. SRAM 靠_____存储信息，DRAM 靠_____存储信息。

2. 存储器容量为 8KB，若首地址为 0000H，则末地址应为_____。

3. 内存中存储容量为 K $= 2^{10} = 1024$，而数据通信中 K 为_____。

4. 存储器以字节编址，其逻辑地址为 20 位二进制，则可寻址范围为_____。

5. 4 体交叉内存系统，CPU 访问主存地址为 211H，则在第_____个主存体。

6. 存储器芯片二进制位数不是机器字长，则要采用_____方法来实现。

7. 使用多体交叉存储器可以提高速度和_____。

8. 磁表面存储器是以_____作为记录信息的载体，对信息进行记录和读取的部件是_____。

9. 对磁盘存放信息的访问通过它所在的_____和_____实现。

10. 磁盘上由一系列同心圆组成的记录轨迹称为_____，最外圈的轨迹是第_____道。

11. 磁盘上访问信息的最小物理单位是_____。

12. 磁盘上每个磁道被划分成若干个_____，其上面存储有_____数量的数据。

13. 磁盘格式化就是在磁盘上形成_____和_____的过程。

14. 各磁道起始位置的标志是_____标志。

15. 常用的磁记录方式有_____、_____、_____和_____等。

16. 磁盘存储设备的主要技术指标包括存储密度、_____、_____和数据传输率等。

17. 在磁盘的一个记录块中，所有数据字都存放在_____的单元中，从而使读写整个记录块所需的时间只包括一次_____和一次_____时间。

18. 硬磁盘机按盘片结构分成_____与_____两种；磁头分为_____和_____两种。

19. 磁盘存储器是一种以_____方式存取的存储器。

20. 半导体存储器的速度指标是_____，磁盘存储器的速度指标是_____、_____和_____，其中_____与磁盘的旋转速度有关。

21. 评价磁记录方式的基本要素一般有_____、_____和_____。

22. (1) 一个完整的磁盘存储器由_____3 部分组成。其中_____又称磁盘机，它是独立于主机的一个完整设备，_____通常插在主机总线插槽中的一块电路板上，_____是存储信息的介质。

(2) 驱动器的定位系统实现_____；主轴系统的作用是_____，数据控制系统的作用是控制数据的写入和读出，包括_____等。

(3) 磁盘控制器有两个方面的接口：一个是与_____的接口，与主机总线打交道，控制辅存；另一个是与_____的接口，根据主机命令控制磁盘驱动器操作。

(4) 光盘的读写头（即光学头）比硬盘的磁头_____，光盘的定位速度_____，即寻道时间_____，光盘写入时盘片需旋转 3 圈，以分别实现_____，故光盘的速度

_____硬盘。

23. 光盘按读写性质分只读型、一次型、重写型 3 类。MO 属于_____型,DVD 属于_____型, CD-R 属于_____型。

24. CD-ROM 中存储数据的基本单元是_____,由 98 个基本单元构成一个_____。

25. 硬盘存储器中对数据的读写需要使用_____部件。

26. 逻辑地址为 20 位二进制,若以字(16 字长)编址,则寻址范围为_____。

27. 磁盘存储器由_____、磁盘驱动器和盘片组成。

28. 硬盘必须经过_____、_____和_____才能供用户使用。

29. 硬盘分区常用 DOS 的_____程序。

30. 采用_____控制方式实现了磁盘与内存之间的快速数据交换。

31. 存储系统三级结构为_____,它是为了解决_____和_____的需求。

32. 依地址格式,虚拟存储器可分为_____、_____和_____。

33. 引入虚拟存储器主要是为了_____。

2.3.3 判断改错题

1. 内存与外存都能直接向 CPU 提供数据。

2. 选择正确的答案填空,对错误的答案作出解释。

磁盘上的磁道是 (1) 。在磁盘存储器中查找时间是指 (2) 。活动头磁盘存储器的平均存取时间是指 (3) 。磁道长短不同,其所存储的数据量 (4) 。

(1) A. 记录密度不同的同心圆
　　 B. 记录密度相同的同心圆
　　 C. 阿基米德螺线

(2) A. 磁头移动到要找的磁道的时间
　　 B. 在磁道上找到扇区的时间
　　 C. 在扇区中找到数据块的时间

(3) A. 平均找道时间
　　 B. 平均找道时间＋平均等待时间
　　 C. 平均等待时间

(4) A. 相同　　　 B. 长的容量大　　　 C. 短的容量大

2.3.4 简答题

1. 解释以下术语:存储元、存储单元、存储体、存储单元地址,并说明它们有何联系与区别?

2. 试说明存储器的存取时间与存取周期之间的区别与联系。

3. 机器字长 64 位,有 4 体交叉,存储周期为 100ns,总线传输周期为 25ns,则采用顺序方式和交叉方式时,连续读出 50 个字时的带宽为多少?

4. 用 16K×1b 的芯片,字长为 4 位,构成 64K×4b 的存储器需要多片芯片?需要多少根地址线和多少根数据线?

5. 存储器的容量为 2MB,机器字长为 16 位,若以字长编址,则数据线为几根? 地址线为几根? 若采用双译码方式呢?

6. 某机器数据线有 16 条,地址线有 16 条,问其存储容量有多大?

7. 构成 32K×8b 的存储器需要 8K×1b 的存储器芯片多少个? 如何构成?

8. 存储器为 8 位字长,具有 24 位地址,则:

(1) 存储器容量多少?

(2) 如果用 4M×1b 的 RAM 芯片构成,则需要多少个芯片?

9. 简述主存数据读写过程。

10. 什么是多体并行系统?

11. 设有 4 模块组成交叉存储器,每个模块存储容量为 128K×64b,存储周期为 200ns,求总线传输周期和交叉存储器连续读出 4 个字的时间。

12. 简述相联存储器的原理。

13. 磁盘存储器由哪几部分组成?

14. 硬盘的读写磁头悬浮在磁盘表面上有什么优点?

15. 磁道如何编号? 说明零磁道的重要性。

16. 简述硬盘阵列 RAID。

17. 简述光盘信息的记录与读写。

18. 有 8 位交叉存储器,主存每次读出一块被映像到 Cache,求命中率。

19. 比较 Cache 与虚拟存储器的作用有何不同。

20. 机器有 4K 字的 Cache,Cache 的每一块有 16 字,则:

(1) Cache 有多少块?

(2) 如果主存容量为 512K 字,应有多少块?

(3) 主存和 Cache 地址位为多少?

(4) 主存到 Cache 的直接地址映像如何计算?

21. 程序执行中,访问 Cache 2500 次,而 Cache 存取周期为 50ns,主存存储周期为 250ns,求 Cache 的命中率、Cache+主存系统效率以及平均访问时间。

22. 为了提高存储器的速度可采取哪些方法?

23. 多体交叉存储器如何提高存储访问速度?

24. 能否用高速缓存代替主存?

25. 设一组相联存储器,其一组的地址映像 Cache 由 64 个存储块组成,主存有 4096 个存储块,每个组有 4 块,每块由 12 个字组成。若访问存储器为字地址。写出主存和 Cache 的地址位数。

26. 简述虚拟存储器的特点,什么是虚拟地址?

27. 已知某程序中一条指令的逻辑地址为 01FE0H,该系统使用页式虚拟存储器,页面大小为 1KB,该程序的页表起始地址为 0011B;内存单元末 4 位的内容如表 2.6 所示。请指出该指令的实地址码。

表 2.6　内存单元末 4 位内容

地　址	末 4 位内容
007H	0001
300H	0011

28. 简述磁记录的方式。

29. 试推导磁盘存储器读写一块信息所需总时间的公式。

2.3.5　综合题

1. 若某磁盘有两个记录面,每面 80 个磁道,每磁道 18 扇区,每扇区存 512B,试计算该磁盘的容量。

2. 若某磁盘平均寻道时间为 20ms,数据传输速率为 2MB/s,控制器延迟为 2ms,转速为 5000 转/分。试计算读写一个扇区(512B)的平均时间。

3. 某硬盘有 20 个磁头,900 个柱面,每柱面 46 个扇区,每扇区可记录 512B。试计算该硬盘的容量。

4. 某双面磁盘,每面有 220 道,已知磁盘转速 r=3000 转/分,数据传输率为 17500B/s,求磁盘总容量。

5. 已知某磁盘存储器转速为 2400 转/分,每个记录面道数为 200 道,平均查找时间为 60ms,每道存储容量为 96Kb,求磁盘的存取时间与数据传输率。

6. 某磁盘组有 4 个盘片,5 个记录面,每个记录面的内磁道直径为 22cm,外磁道直径为 33cm,最大位密度为 1600b/cm,道密度为 80 道/cm,转速为 3600 转/分。

(1) 磁盘组的总存储容量是多少位(非格式化容量)?

(2) 最大数据传输率是多少?

(3) 请提供一个表示磁盘信息地址的方案。

7. 某磁盘存储器转速为 3000 转/分,有 4 个记录盘面,最小磁盘直径为 230mm,每盘有 275 道,每道记录信息 12288B,磁道密度为 5 道/mm。

(1) 磁盘存储器的容量是多少?

(2) 最高位密度与最低位密度是多少?

(3) 磁盘数据传输率是多少?

(4) 平均等待时间是多少?

8. 有一台磁盘机,平均寻道时间为 30ms,平均旋转等待时间为 120ms,数据传输速率为 500B/ms,磁盘机上随机存放着 1000 块每块 3000B 的数据。现欲把一块块数据取走,更新后再放回原地。假设一次取出或写入所需时间为:平均寻道时间＋平均等待时间＋数据传送时间。另外,使用 CPU 更新信息所需时间为 4ms,并且更新时间与输入输出操作不相重叠。试问:

(1) 更新磁盘上全部数据需要多少时间?

(2) 若磁盘机旋转速度和数据传输率都提高一倍,更新全部数据需要多少时间?

9. 软盘驱动器使用双面双密度软盘,每面有 80 道,每道 15 扇区,每个扇区存储 512B。已知磁盘转速为 360 转/分,假设找道时间为 10~40ms。要在一个磁道上写入 4096B,平均需要多少时间？最长时间是多少？

10. 一台有 3 个盘片的磁盘组，共有 4 个记录面，转速为 7200 转/分，盘面有效记录区域的外径为 30cm，内径为 20cm，记录位密度为 250b/mm，磁道密度为 8 道/mm，盘面分 16 个扇区，每扇区 1024B，设磁头移动速度为 2m/s。

(1) 试计算盘组的非格式化容量和格式化容量。

(2) 计算该磁盘的数据传输率、平均寻道时间和平均旋转等待时间。

(3) 若一个文件超出 1 个磁道容量，余下的部分是存于同一盘面上还是存于同一柱面上？请给出一个合理的磁盘地址方案。

11. 设某磁盘有两个记录面，存储区内径为 2.36in，外径为 5in，道密度为 1250TPI（磁道数/英寸），内径处的位密度为 52400bpi（位/英寸），转速为 2400rpm（转/分）。试问：

(1) 每面有多少磁道？每磁道能存储多少字节？

(2) 数据传输率是多少？

(3) 设找道时间在 10～40ms 之间，在一个磁道上写 8000B 数据，平均需要多少时间？

12. 一磁带机有 9 个磁道，带长 700m，带速 2m/s，每个数据块 1KB，块间间隔 14mm。数据传输速率为 128KB/s。

(1) 求记录位密度。

(2) 若带首尾各空 2m，求此带最大有效存储容量。

2.4　自测练习参考答案

2.4.1　选择题参考答案

1. C　　2. D　　3. B　　4. C　　5. C　　6. B　　7. D　　8. C　　9. A

10. C　11. A　12. B　13. B　14. C　15. A　16. C　17. D　18. C

19. C　20. CD　21. A　22. B　23. A　24. D　25. B　26. B　27. C

28. C　29. D　30. A　31. C　32. A

2.4.2　填空题参考答案

1. 触发器，电容

2. 1FFFH

3. $K=10^3=1000$

4. 128KB

5. 2（主存体从 0 开始编号）

6. 并联存储器芯片

7. 可靠性

8. 磁介质，磁头

9. 磁道号，扇区号

10. 磁道，0

11. 扇区

12. 扇区,相同

13. 磁道,扇区

14. 索引

15. 归零制,不归零制,调相制,调频制

16. 存储容量,寻址时间

17. 前后相继,找道,等待

18. 可换盘片式,固定盘片式;可移动磁头,固定磁头

19. 随机

20. 存取时间和存取周期,平均找道时间,平均等待时间,数据传输率,平均等待时间和数据传输率

21. 记录密度,同步能力,可靠性

22. (1) 驱动器、控制器和盘片,驱动器,控制器,盘片

(2) 快速精确的磁头定位,带动盘片按额定转速稳定地旋转,寻址操作、磁头选择、写电流控制、读出放大、数据分离

(3) 主机,驱动器

(4) 大且重,低,长,擦除、写入和检验,低于

23. 重写,只读,一次

24. 帧,扇区

25. 磁头

26. 64KB

27. 磁盘控制器

28. 分区,低级格式化,高级格式化

29. FDISK

30. 高速缓存(Cache)

31. 主存储器-Cache-辅助存储器,容量,速度

32. 页式,段式,页段式虚拟存储器

33. 使用户可以访问一个比实际容量大得多的主存空间

2.4.3 判断改错题参考答案

1. 错。外存不能直接向 CPU 提供数据,CPU 需要数据时向主存发出请求,若主存中无此数据,由存储管理软件从辅存中调入,然后再提供给 CPU。

2. (1) A;(2) A;(3) B;(4) A

(1) 磁盘上的磁道和唱盘不同,是一圈圈的同心圆,磁盘上的每个磁道容量相同,因此,每条磁道上的密度不同。

(2) 在磁盘上存取数据时,地址由两部分组成:磁道和扇区。把磁头移动到要找的磁道的时间称为查找时间,找到磁道后把要找的扇区转到磁头下所需的时间称为等待时间。

(3) 由(2)可知,查找一个磁盘地址所需时间包括两部分:查找时间和等待时间。这两

个时间不能唯一地确定,与磁头上次的位置和磁盘上次旋转的位置有关,因此其存取时间只能用平均查找时间与平均等待时间的和来计量。

(4) 不同磁道的扇区数相同,每个扇区的大小相同,这样才便于寻址。因此,不同的磁道上的位密度不同。

2.4.4 简答题参考答案

1. **解**:存储元:存储 1 位二进制信息的基本单元电路。

存储单元:由若干存储元组成,用来存放多位二进制信息,具有独立地址,可以独立访问。

存储体:是存储单元的集合,它由许多存储单元组成,用来存储大量的数据和程序。

存储器单元地址:现代计算机存储器的访问还是基于地址的,为此要为每个存储单元设置一个线性地址,信息按地址存入或取出。

计算机在存取数据时,以存储单元为单位进行存取。机器的所有存储单元长度相同,一般由 8 的整数倍个存储元构成。同一单元的存储元必须并行工作,同时读出、写入。由许多存储单元构成一台机器的存储体。由于每个存储单元在存储体中的地位平等,为区别不同单元,给每个存储单元赋予地址,都有一条唯一的地址线与存储单元地址编码对应。

2. **解**:存取时间 TA 是指存储器从接收到 CPU 发来的读写信号和单元地址开始,到读出或写入数据所需的时间。存取周期 T_w 是指连续两次读写存储器所需的最小时间间隔。

存取时间和存取周期都是反映存储器存取速度的指标,存取周期大于存取时间。在存储器进行读写操作时,由于存储元件本身的性能,做完一次存或取之后,不能马上进行另外的存或取,需要一段稳定和恢复时间。存取周期就是存取时间加上存储单元的恢复稳定时间。

3. **解**:连续读出 50 个字,即 $64 \times 50 = 3200b$。

(1) 顺序方式读出 50 个字所需时间为 $100 \times 50 = 5 \times 10^3 ns$,带宽为 $3200/5 \times 10^3 = 64 \times 10^4 b/s$。

(2) 交叉方式读出 50 个字所需时间为 $100 + (50-1) \times 25 = 100 + 49 \times 25 = 1325ns$,带宽为 $3200/1325 = 241.5 \times 10^4 b/s$。

$241.5 \times 10^4 / 64 \times 10^4 \approx 3.7$,交叉存储带宽是顺序存储带宽的 3.7 倍。

4. **解**:需要芯片数 $= (64K \times 4)/(16K \times 1) = 16$ 片,$64K = 2^{16}$,需 16 根地址线。存储器字长为 4 位,需要 4 根数据线。

5. **解**:$2MB = 1M \times 16b$,则有数据线 16 根,地址线 1024 根。若采用双译码方式,数据线为 16 根,地址线为 256 根。

6. **解**:存储容量 $= 16 \times 2^{16}/8 = 2^4 \times 2^{16}/2^3 = 2 \times 2^{16} = 2^{17}B = 128KB$

7. **解**:$8K \times 1b$ 的存储芯片构成 $32K \times 8b$ 的存储器,需要的片数为 $32K \times 8b/8Kb = 32$ 片。扩展方法如下:

(1) 首先进行位扩展,用 8 片 $8K \times 1b$ 的存储芯片构成一个存储片组。

(2) 用 4 个存储芯片组成所要求的存储器。

连接方式如图 2.17 所示。由于 32K 个单元需要 15 根地址线,其中芯片组用 13 条

（$A_0 \sim A_{12}$），片选用两条（$A_{13} \sim A_{14}$）。图中只画出了一个译码器，另一个就不画出了。

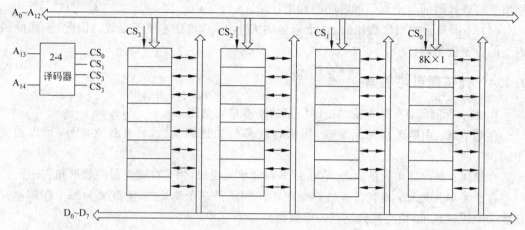

图 2.17　第 7 题存储器扩展方式

8. **解**：存储单元数为 $2^{24} = 2^4 \times 2^{20} = 16MB$，字长为 8 位，存储器容量为 2MB。字长为 8 位，用 $4M \times 1$ 芯片。$16/4 \times 8 = 32$ 片。

9. **解**：CPU 取指令后将相关地址码存入地址码寄存器，经地址译码器译码，选中相应的存储单元。CPU 送来读/写命令，经控制器线路控制对被选中存储单元进行读/写操作。读操作时，取出的信息经读写放大器放大电路整形送往数据寄存器，供 CPU 使用。写操作时。CPU 提供欲写存储单元的地址和待写入的信息，存入数据寄存器。用写命令将数据寄存器中的信息写入该存储器单元。

10. **解**：因为动态 RAM 靠电容存储电荷有无来表示数据，电容上电荷要放电，即信息丢失。为了保持所存储的信息，需每隔一定时间，将所存储信息读出再重新写入（电荷充电），这个过程称为刷新，通常有集中刷新和分散刷新两种方法。

11. **解**：存储器容量 $= 2^{14} \times 8 = 2^4 \times 2^{10} \times 8 = 16K \times 8b$，$16K \times 8/1K \times 1 = 128$ 片。14 位地址中低 10 位作为芯片地址，高 4 位作为片选地址，采用 4 线-16 线译码。

12. **解**：相联存储器中每个字由若干字段组成，每个字段描述一个对象的一些属性，执行 3 种基本操作：读、写和检索。读写操作如同主存储器一样，检索按存储内容进行。

13. **解**：磁盘存储器由磁记录介质、磁盘控制器和磁盘驱动器组成。

14. **解**：硬盘驱动器工作时，盘片高速旋转产生气流，使磁头与盘片表面有零点几微米的间隙，磁头与盘片表面不接触，无摩擦，使磁盘可以高速运转，可靠、容量大、体积小。

15. **解**：每个磁盘有若干磁道，形成若干个同心圆。最外面的称 0 磁道，最里面的称末磁道。0 磁道存放磁盘本身的一些有关信息，微机中磁盘操作系统的系统文件和用户文件的目录存放在 0 磁道。机器加电后，CPU 将 0 磁道信息调入内存备用。若 0 磁道损坏则磁盘不能正常工作。

16. **解**：把多台小型的硬盘存储器按一定的条件组织成同步的阵列，利用类似于存储器中的多体交叉技术，将数据分开存储在多台硬盘上，既提高了数据的传输带宽，又可使用冗余校验技术提高系统的可靠性。由于其容量大、功耗低、体积小、成本低、响应快和可维护等优点,广泛应用于计算机网络服务器和多媒体系统中的存储器。

17. **解**:光盘上的信息由激光刻录的,激光束聚焦对存储介质微小区域加热打出凹坑表示为 1,无凹坑表示为 0。

18. **解**:第 1 次因为 Cache 为空读时均不会命中,以后每次都可命中,所以命中率为 $(8-1)/8=87.5\%$。

19. **解**:Cache 用来解决 CPU 与主存的速度相匹配的问题。采用虚拟存储器主要是在逻辑上扩大存储容量。

20. **解**:

(1) $4K=4\times2^{10}=4096,4096/16=256$ 块。

(2) $512K=512\times2^{10}=512\times1024=524288,524288/16=32768$ 块。

(3) $512K=2^9\times2^{10}=2^{19},4K=2^2\times2^{10}=2^{12}$,即主存地址为 19 位,Cache 地址为 12 位。

(4) 主存块地址 mod 256。

21. **解**:Cache 的命中率 $=2500/(2500+(250-50))=92.6\%\approx93\%$。

访问主存是访问内存 Cache 时间的 5 倍 $(250/50=5)$。

CPU 访问存储器平均时间为 $0.93\times50+(1-0.93)\times250=64ns$。

Cache+主存系统的效率为 $50/64=78\%$。

22. **解**:可以采用高速器件、Cache、相联存储、多级存储器等方法。

23. **解**:多体交叉存储器由多个相互独立、容量相同的单体存储体构成。每个存储体有独立的读写控制电路、地址寄存器和数据寄存器。这样,当 CPU 连续访问在不同的存储体中的存储单元时,可以在同一个存储周期内分时进行。

24. **解**:在理论上 Cache 是能够取代主存的,但是在实际应用时存在以下问题:

(1) 用 Cache 替代主存,存储器价格大幅度增加。

(2) 用 Cache 作主存,则主存与辅存的速度差距加大,在数据存取时,需要匹配两者的速度,增加了额外的开销。

所以,在实际应用时,难以用 Cache 取代主存。

25. **解**:Cache 分成 $64/4=16$ 组,Cache 容量为 64×128 字 $=2^6\times2^7=2^{13}$ 字。

主存分成 $4096/4=1024$ 组,主存容量为 4096×128 字 $=2^{12}\times2^7=2^{19}$ 字。

它们的格式如图 2.18 所示。

组号	组内块号	块内地址
4位	2位	7位

(a) Cache

高位地址	组号	组内块号	块内地址
6位	4位	2位	7位

(b) 主存

图 2.18 题 28 解

26. **解**:虚拟存储器是建立在主存 -辅存体系上的存储管理技术,通过某种管理策略把辅存中的信息一部分一部分地调入主存,以给用户提供一个比实际主存容量大得多的地址空间来访问主存。这样使计算机具有辅存的容量,接近主存的速度。通常把能访问虚拟空间的指令地址码称为虚拟地址或逻辑地址,而实际主存的地址称为物理地址或实际地址。

在虚拟存储器中,如果页式虚拟存储器的页面很小,主存中存放的页面数较多,会使缺页频率较低,换页次数减少,可以提升操作速度;如果页式虚拟存储器的页面很大,主存中存放的页面数较少,会使缺页频率较高,换页次数增加,可以降低操作速度。在段式虚拟存储器中,段具有逻辑独立性,易于实现程序的编译、管理和保护,也便于多道程序共享。

27. **解**:在页式存储器管理中,为每个程序建立一张页表,记录虚页在主存中对应的实页号。程序中给出的地址是虚地址,要转换成实地址,必须通过查找该程序对应的页表,方可知对应的实页号。具体的转换过程如下:

虚地址 $=01FE0_{(16)}=0000011111111100000_{(16)}$,页面大小为 1K,故页内地址为 10 位,虚地址的低 10 位为页内地址 $=1111100000$,虚地址的剩余位则为虚页号,其页表地址为页表起始地址与虚页号的连接 $=001100000111=307H$,在内存单元 307H 中存放的字节中,后 4 位就是对应的实页号,这条指令对应的实地址就是实页号与页内地址的连接 $=11001111100000_{(2)}=33E0_{(16)}$。

28. **解**:磁盘上常用的记录方式可分为归零制(RZ)、不归零制(NRZ)、调相制(PH)和调频制(FH)等多种类型。

归零制(RZ)的特点:不论某存储单元的代码是 0 还是 1,在记录下一个信息之前记录电流都要恢复到零电流。在给磁头线圈送入的脉冲电流中,正脉冲表示 1,负脉冲表示 0。

不归零制(NRZ)的特点:磁头线圈上始终有电流,不是正向电流就是反向电流,正向电流代表 1,反向电流代表 0。

调相制(PH)的特点:在一个磁化元的中间位置,利用电流相位的变化实现写 1 或者写 0,所以通过磁头中的电流方向一定要改变一次。

调频制(FH)的特点:无论记录的代码是 1 还是 0,或者是连续的 1 或连续的 0,相邻的两个存储元交界处电流都要改变方向。

29. **解**:设读写一块信息所需总时间为 Tb,平均找道时间为 Ts,平均等待时间为 TL,读写一块信息的传输时间为 Tm,则:Tb$=$Ts$+$TL。

2.4.5 综合题参考答案

1. **解**:磁盘容量为 $512 \times 18 \times 80 \times 2 \div 1024 = 1440KB$。

2. **解**:旋转一周的时间为 $60 \div 5000 = 0.012s = 12ms$。

平均旋转延迟为旋转 1/2 周的时间:$0.5 \times 2 = 6ms$。

传输一个扇区第时间:$512B \div 2MB = 0.244ms$。

平均访问时间 $=$ 平均寻道时间 $+$ 平均旋转延迟时间 $+$ 传输时间 $+$ 控制器延迟时间 $= 20 + 6 + 0.244 + 2 = 28.244ms$。

3. **解**:$512 \times 20 \times 900 \times 46 \div 1024 = 414000KB \approx 404MB$。

4. **解**:3000 转/分就是 50 转/秒。

每 50 转的传输速率是 175000B,所以每转的传输速率是 $175000 \div 50 = 3500B$,即每道的容量是 3500B。

单面 220 道，所以单面容量是 $3500 \times 220 = 770000$B，双面是 1540000B。

5. **解**：2400 转/分＝40 转/秒。

平均等待时间为 $1/40 \times 0.5 = 12.5$ms。

磁盘存取时间为 60ms＋12.5ms＝72.5ms。

数据传输率为 40×96K＝3840Kb/s。

6. **解**：

(1) 每面容量＝磁道容量×磁道数。

磁道容量＝磁道长度×本磁道位密度＝$22 \times 3.1415 \times 1600 \div 8 = 13823$B＝13.5KB。

每面磁道数＝$80 \times (33 - 22) \div 2 = 440$ 道。

总容量＝每面容量×记录面数＝$13.5 \times 440 \times 5 = 29700$KB＝ 29MB。

(2) 最大数据传输率＝转速×一个柱面容量＝$3600 \div 60 \times 13.5 \times 5 = 4050$KB/s＝3.33MB/s。

(3) 磁盘数据地址由盘面号、柱面号、扇区号组成。盘面有 5 个，故盘面号需要 3b。柱面有 440 个，故柱面号需要 9b。扇区一般为 9 个，故扇区号需要 4b。所以总共需要 18b。

7. **解**：

(1) 每个记录面信息容量为 275×12288B，共有 4 个记录面，所以磁盘存储器总容量为
$$4 \times 275 \times 12288 = 13516800\text{B} = 13200\text{MB} \approx 12.9\text{GB}$$

(2) 最高位密度按最小磁道半径计算：
$$D1 = 12288 \text{ 字节} / 2 \times R1 = 17 \text{ 字节/mm}$$

最低位密度 D2 按最大磁道半径 R2 计算
$$R2 = 230 \div 2 + 275 \div 5 = 115 + 55 = 170\text{mm}$$
$$D2 = 12288 \text{ 字节} / 2 \times R2 = 11.5 \text{ 字节/mm}$$

(3) 转速按 3000 转/分计，3000/60＝50 转/秒。
$$\text{磁盘传输率为 } 50 \times 12288 = 614\,400\text{B/s}$$

(4) 平均等待时间为 $1/(2 \times 50) = 10$ms。

8. **解**：

(1) 读出/写入一块数据所需时间为 $3000 \div 500 = 6$ms。

更新全部数据所需的时间＝2×（平均寻道时间＋平均等待时间＋1000×传送一块的时间）＋1000×CPU 更新一块数据的时间＝$2 \times (30 + 120 + 1000 \times 6) + 1000 \times 4 = 16300$ms＝16.3s。

(2) 磁盘机旋转速度提高一倍后，平均等待时间为 60ms。数据传输率提高一倍后，数据传输速率为 1000B/ms。

读出/写入一块数据所需时间为 $3000 \div 1000 = 3$ms。

更新全部数据所需的时间为 $2 \times (30 + 60 + 1000 \times 3) + 1000 \times 4 = 10180$ms＝10.18s。

9. **解**：每道存储容量为 $15 \times 512 = 7680$B。

磁盘转速为 360 转/分＝6 转/秒。

数据传输率为 $7680 \times 6 = 46080$B/s。

读出/写入一块数据所需时间为 $512÷46080=11.1ms$。

平均旋转等待时间为 $1/6×1000×1/2=83.3ms$。

平均找道时间为 $(10+40)/2=25ms$。

4096B 有 $4096÷512=8$ 个数据块,写入 4096B 平均所需时间为 $83.3+25+8×11.1=197ms$。

最大等待时间为 $1/6×1000=166.6ms$。

最大找道时间为 $40ms$。

4096B 有 $4096÷512=8$ 个数据块,写入 4096B 所需最长时间为 $166.6+40+8×11.1=295.4ms$。

10. **解:**

(1) 磁盘的记录区域为 $(30-20)/2=5cm$。

磁盘的磁道数为 $5×10×8=400$ 道。

每道的非格式化容量为 $20×10×3.14×250=157000b=19625B$。

每道的格式化容量为 $16×1024=16384B$。

盘组的非格式化容量为 $4×400×19625=31400000B≈30MB$。

盘组的格式化容量为 $4×400×16384=26214400B=25MB$。

(2) 磁盘的数据传输率为 $16384×7200/60=1966080B/s=1.966M/s$。

磁头移动 400 道的时间为 $50/2000=0.025s=25ms$。

平均寻道时间为 $25/2=12.5ms$。

转一周的时间为 $60/7200=8.3ms$。

平均旋转等待时间为 $8.3/2=4.15ms$。

(3) 若一个文件超出一个磁道容量,余下的部分存于同一柱面上。

磁盘地址方案如下:400 个磁道,4 个记录面,16 个扇区。

11. **解:**

(1) 每面磁道数为 $1250×(5-2.36)/2=1650$ 道。每磁道存储容量为 $2.36×3.14×52400÷8=48538B$。

(2) 设数据传输率为 $48538×2400/60=1.94MB/s$。

(3) 平均找道时间为 $(10+40)/2=25ms$。

旋转延迟为 $(60/2400)/2=12.5ms$。

数据读取时间为 $8×1024÷(1.94×10^6)=0.0042s=4.2ms$。

读取数据所需的总时间为 $25+12.5+4.2=41.7ms$。

12. **解:**

(1) 因为数据传输速率=记录位密度×带速,所以记录位密度=数据传输速率÷带速$=128×1000÷(2×1000)=64B/mm$。

(2) 传送一个数据块的时间为 $1024/128000=0.008s$。

一个数据块的长度为 $2×0.008=0.016m$。

块间隔为 $0.014m$,数据块总数为 $(700-4)/(0.016+0.014)=23200$ 块。

磁带存储器容量为 $23200×1KB=23.2MB$。

第3章 I/O机制

3.1 知识要点

3.1.1 外部设备

外部设备也称为外围设备,指计算机系统中除主机以外直接或间接与计算机交换信息、改变信息媒体或载体形式的装置。图3.1为外部设备的分类情况。

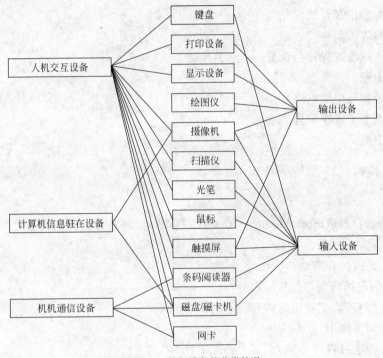

图 3.1 外部设备的分类情况

学习外部设备的知识时,要了解一些主要设备的工作原理。

3.1.2 输入输出中的数据传送控制

1. 程序直接控制数据传送

程序直接控制传送的特点是I/O过程完全处于CPU指令控制下,即外部设备的有关操作(如启、停、传送开始等)都要由CPU指令(程序)直接指定。

(1) 无条件传送方式的特点:不管设备的状态,程序只管执行服务操作。

(2) 程序查询传送方式的特点:程序根据设备的状态,执行服务操作。为此要测试设备状态。

2. 程序中断控制

1）特点
- CPU 与外设并行工作。
- 外设在某些特定状态下向 CPU 发出中断请求。
- 接到中断请求，CPU 暂停现行程序，执行中断服务子程序。

2）有关概念
- 中断源。
- 中断源的优先级别与中断排队。
- 中断屏蔽。
- 中断的禁止和开放。
- 中断响应。
- 断点和现场的保存与恢复。
- 向量中断。
- 中断接口与中断电路。
- 中断服务子程序结构。
- 多重中断。

3. DMA 控制

1）特点

直接存储器存取（Direct Memory Access，DMA）控制是在内存与设备之间开辟一条直接数据传送通路。

2）DMA 访问内存方法
- CPU 暂停访问内存。
- DAM 与 CPU 交替访问内存。
- DMA 周期挪用。

3）DMA 传送过程
- DMA 预处理。
- 数据的输入输出。
- DMA 后处理。

4. 通道控制

1）特点
- 通道是一种有简单指令的处理器，具有独立处理数据输入输出的功能。
- 可以在一定的硬件条件下，通过执行通道程序进行 I/O 过程的控制，更多地免去了 CPU 的介入。
- 能同时控制多台同类型或不同类型的设备。

- 使系统的并行性更高。

2）通道控制原理
- 通道具有读写指令，可以执行通道程序。
- CPU 通过简单的输入输出指令控制通道工作。
- 通道和设备采用中断与 CPU 联系。

3）通道的功能
- 接受中央处理机的输入输出指令，确定要访问的子通道及外部设备。
- 根据中央处理机给出的信息，从内存（或专用寄存器）中读取子通道的通道指令，并分析该指令，向设备控制器和设备发送工作命令。
- 对来自各子通道的数据交换请求按优先次序进行排队，实现分时工作。
- 根据通道指令给出的交换代码的个数和内存始址以及设备中的区域，实现外部设备和内存之间的代码传送。
- 将外部设备的中断请求和子通道的中断请求进行排队，按优先次序送往中央处理机，回答传送情况。
- 控制外部设备执行某些非信息传送的控制操作，如磁带机的引带等。
- 接收外部设备的状态信息，保存通道状态信息，并可根据需要将这些信息传送到主存指定单元中。

4）通道类型
- 字节多路通道。
- 选择通道。
- 数组多路通道。

3.1.3　设备接口

　　数字计算机的用途很大程度上取决于它所能连接的外围设备的范围。但是，由于外围设备种类繁多，速度各异，不可能简单地把外围设备连接在 CPU 上。因此，必须寻找一种方法，与某种计算机连接起来，使它们一起可以正常工作。通常这项任务用适配器部件来完成。通过适配器可以实现高速 CPU 和低速外设之间速度上的匹配和同步，并实现计算机和外设之间的所有数据传送和控制。适配器也称为接口。

1. 影响外部设备与主机连接方式的主要因素

1）I/O 系统的工作模式
- 程序控制直接传送模式。
- 程序查询控制模式。
- 程序中断控制模式。
- 直接存储器访问（DMA）模式。
- 通道控制模式。
- I/O 处理机控制模式。

2）数据传送方式
- 并行传送。
- 串行传送。

3）数据通信的同步方式
- 同步通信（发送端与接收端之间有统一的时钟）。
- 异步通信（发送端与接收端之间无统一的时钟,采用应答控制方式）。

4）传送信息的种类
- 设备地址信息。
- 数据。
- 设备状态信息。
- 控制信息。

2. I/O 接口的寻址方式

I/O 接口的寻址方式有以下两种：
- 端口地址与存储器地址统一编址。
- 端口地址与存储器地址分别编址。

3. 并行接口

- 简单并行接口。
- 条件传送接口。
- 中断传送 I/O 接口。

3.1.4 串行通信和串行接口

串行通信是在一根传输线上一位一位地传输信息。由于所用的传输线根数少,特别适合于远距离的信息传送。

1. 串行通信中的同步控制

1）主要解决两个问题
- 由于发送往往是随机的,接收方不知道什么时刻是开始发送时刻,什么时刻是发送结束时刻。而并行通信时,这些信息可以由并行传输的控制信号得到。
- 并行传输时,数据信号在各自的数据线上传输,接收方从对应的数据线上可以容易地获得一个字节或一个字中的各位比特;而在串行传输时,由于一个字节或字中的各位比特要在一根线上依次传送,包含了开始位和停止位,接收方的时钟与发送方的时钟的任何一点误差都会积累,导致接收的错误。

2）两种通信方式
- 串行同步通信。
- 串行异步通信。

2. 串行接口的基本任务

- 实现串行数据格式化。
- 进行串-并变换。
- 可靠性检验。
- 实施连接和控制。

3.1.5　I/O 设备管理

1. 缓冲区技术

1）缓冲区的作用
- 高低速设备之间的速度匹配。
- 一次读入的信息多次使用。
- 中转。

2）缓冲区的实现技术
- 单缓冲。
- 双缓冲。
- 多缓冲。
- 缓冲池等形式。

3）缓冲区组成
- 缓冲首部。
- 缓冲体。

4）3 种缓冲队列
- 空闲缓冲队列：未使用的缓冲区队列。
- 输入缓冲队列：装满输入数据的缓冲区组成的队列。
- 输出缓冲队列：装满输出数据的缓冲区组成的队列。

2. 设备驱动程序

1）设备驱动程序的功能
- 将应用程序中的抽象要求转换为具体要求。
- 对 I/O 请求进行合法性检查。
- 读出并检查设备状态。
- 传送必要的参数。
- 设置工作方式。
- 启动 I/O 设备

2）设备驱动程序的结构
- 设备标题（device header）。
- 数据存储和局部过程（data storage & local procedure）。

- 策略过程(strategy procedure)。
- 中断过程(interrupt procedure)。
- 命令处理子程序(command processing)。

3) 设备驱动程序与 I/O 系统结构

I/O 系统的一般结构分为硬件、中断处理程序、设备驱动程序、与设备无关的系统软件以及用户空间软件 5 个层次。

3. I/O 设备分配

按照设备特性,设备可以分为独占、共享和虚拟设备。

1) 独占设备的分配——虚拟设备技术
- 脱机、联机和假脱机(SPOOL)。
- SOOPL 系统的组成。
- 共享打印机。

2) 共享设备的分配——磁盘调度策略
- 先来先服务 (First Come First Service,FCFS)。
- 最短寻道时间优先(Shortest Seek Time First,SSTF)。
- 扫描(SCAN)。
- 循环扫描(Circular SCAN,CSCAN)。
- N 步扫描。

3.2 习题解析

3.1 计算机外部设备分为哪几类?

解:外部设备的分类较复杂,可从不同的角度分为不同的类别。

(1) 从使用的角度可把外部设备分为如下 3 类:人-机交互设备、机-机通信设备和计算机信息的驻在设备。

(2) 从与 CPU 的关系角度可把外部设备分为输入设备、输出设备、拾取设备和输入输出设备。

3.2 用于人机交互的计算机外部设备的发展经过了哪几个阶段? 今后的发展趋势是什么?

解:人机交互的计算机外部设备的发展经历了符号界面、图形界面、多媒体界面技术、虚拟现实技术。其今后的发展方向是向更接近于人的自然交互界面发展,比如具有视觉、听觉和语言能力的外部设备。

3.3 什么叫绿色计算机? 它有哪些要求?

解:绿色计算机是指不会对人类及其生存环境造成不良影响的计算机。它主要要求以下几点:

(1) 要节能,主要是计算机本身的耗电量要降低。

(2) 低污染,在生产、包装过程中尽量使用无毒、可再生材料,打印机噪声降到最小,电磁辐射要符合环保标准。

(3) 易回收,生产、运输、使用等各过程使用的材料应容易销毁或回收。

(4) 符合人体工程学,各种设备外形符合人体健康标准。

3.4 进行市场调查,为下面的场所配备计算机系统及其外部设备,并做出预算。

(1) 一个现代化的办公室。

(2) 一个现代化的小商店。

解:略。

3.5 串行通信有何特点?异步串行接口的基本任务有哪些?

解:串行通信的特点是信息在传输时是一位一位地顺序传输,传输线数少,成本低,干扰小,适合于长距离的数据传送,但速度慢。

异步串行接口的基本任务有如下几点:

(1) 实现串行数据格式化。异步通信中是按字符传送数据,每个字符都有起始位、数据位、校验位、停止位。因此,接口在传送数据时必须自动生成启停位,而在接收数据时能去掉启停位。

(2) 实现串-并转换。把外设传送来的串行数据转换成主机能接收的并行数据,把主机送来的并行数据转换成串行数据,以便在传输线路上进行传输。

(3) 对数据进行自动检错和纠错。异步通信中,发送数据时接口能自动生成奇偶校验码,接收数据时接口能自动加以校验。

(4) 实现通信双方的连接和控制。在数据传输过程中,接口的另一个基本任务是实现通信双方的连接,并对外设进行控制。

3.6 为什么要设置输入输出缓冲区?

解:输入输出缓冲区的作用是匹配器件与器件之间、器件与设备之间、设备与设备之间速度的差异。

(1) 高低速设备之间的速度匹配。中断和通道技术为 CPU 与外设之间的并行操作提供了可能。但是由于 CPU 与外设之间的速度不匹配以及外设频繁地中断 CPU 的运行,仍会降低 CPU 的工作效率。为此在输入输出系统中引入了缓冲技术。其基本方法是在 CPU 与外设之间设置一个缓冲区,当 CPU 要向外设输出数据时,先把数据送到缓冲区中,让外设慢慢地去"消化",CPU 可以继续进行其他工作;当外设要向 CPU 输入数据时,先慢慢地把数据送到缓冲区中,CPU 需要时可以像使用内存中的数据那样使用缓冲区中的数据。

(2) 一次读入的信息能多次使用。在通道或控制器内设置局部寄存器,可以暂存 I/O 信息,减少 CPU 的中断次数。

(3) 中转。通过中转避免外设与 CPU 之间的完全互连,可以解决设备连接和数据传输的复杂性。

3.7 试述接口的功能及其组成。

解:简单地说,接口的基本功能是在系统总线和外设之间传输信号,提供缓冲作用,以满足接口两边的时序要求。由于外设的多样性和复杂性,对不同的外设,接口的功能不尽相同。但一般接口应具备如下的基本功能:

(1) 寻址功能。接口要能识别 CPU 的访问信号,并识别要求的操作。

（2）输入输出功能。接口能按照 CPU 要求的读写信号从总线上接收 CPU 送来的数据和控制信息，或把数据和状态信息送到总线上。

（3）数据缓冲功能。CPU 与外设的速度往往不匹配，为消除速度差异，接口必须提供数据缓冲功能。

（4）数据转换功能。不同外设的信息格式不同，外设的信息格式与主机也不同，接口应提供计算机与外设的信息格式的转换，比如正负逻辑的转换、串-并转换、数/模或模/数转换等。

（5）其他。接口除上述功能外，还应有检错纠错功能、中断功能、时序控制功能等。

为实现上述接口功能，接口至少应有一组缓冲器和一个具有锁存能力的锁存器。主机访问接口主要是对接口的端口（各种寄存器）进行访问。因此，在接口中还必须有对端口的选择机构和读写控制机构，比如地址译码线路、读写控制线路和中断控制线路。除此之外，还需要有设备状态寄存器、定时信号线路等。

3.8　I/O 接口有哪两种寻址方式？各有何优缺点？

解：I/O 接口有端口地址与主存统一编址方式和端口地址单独编址方式。统一编址方式是指把 I/O 端口当作存储器的单元进行地址分配。对于这种方式，CPU 不需设置专门的 I/O 指令，用统一的访问存储器的指令可访问 I/O 端口。其优点是不需要专门的输入输出指令，并使 CPU 访问 I/O 的操作更灵活、更方便，此外还可使端口有较大的编址空间。该方式的缺点是端口占用了存储器地址，使内存容量变小；再者，利用存储器编址的 I/O 设备进行数据输入输出操作执行速度较慢。单独编址方式是指 I/O 端口地址与存储器地址无关，是单独编址，CPU 需要设置专门的输入输出指令访问端口。其主要优点是输入输出指令与存储器指令有明显区别，程序编制清晰、利于理解。缺点是输入输出指令少，一般只能对端口进行传送操作，尤其需要 CPU 提供存储器读/写、I/O 设备读/写两组控制信号，增加了控制的复杂性。

3.9　硬线连接并行接口与可编程序并行接口各有何特点？

解：硬线连接并行接口一般使用方便、操作简单。当采用不同的硬连接方式时，可用它形成不同的接口，但芯片一旦连接到系统之后，用户无法改变其功能。可编程并行接口比较灵活，用户在使用过程中可根据当时任务的需要，通过程序命令设置接口的功能，使接口逐步走向通用化。

3.10　查阅有关资料，试说明：

（1）USART 芯片 Intel 8251 的方式字、命令字和状态字的格式和含义。

（2）对 8251 进行编程时，应按什么顺序向它的命令口写入控制字？

解：

（1）USART 8251 的方式字的格式和含义如图 3.2 所示。

下面对方式字各位含义进一步说明。

$D_1 D_0$：用来选择工作方式。$D_1 D_0 = 00$，为同步工作方式；$D_1 D_0 \neq 00$，则为异步工作方式。且 $D_1 D_0$ 的 3 种不同组合可以选择输入时钟频率与波特率之间的不同系数。

$D_3 D_2$：用来确定字符位数。可为 5～8 位。

$D_5 D_4$：用来确定数据校验的方式。$D_4 = 0$，不进行校验；$D_4 = 1$，需要校验，通过 D_5 选择

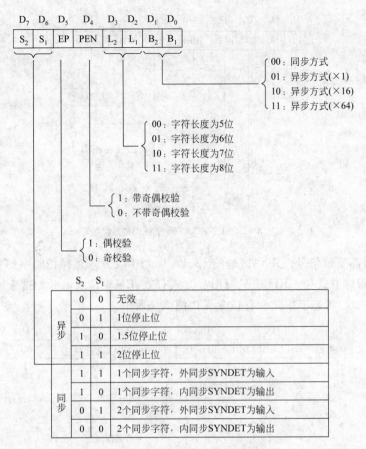

图 3.2　USART 8251 的方式字格式和含义

不同的校验方式。

$D_7 D_6$：此两位的意义与 $D_1 D_0$ 的设置有关。若为同步工作方式，则 $D_7 D_6$ 用来确定内同步还是外同步，以及同步字符的个数；若为异步工作方式，则 $D_7 D_6$ 用来规定停止位的位数。

USART 8251 命令字格式和各位含义如图 3.3 所示。

下面对 USART 8251 命令字各位含义进一步说明。

TxEN 位是允许发送位。TxEN＝1，发送器才能通过 TxD 线向外部串行发送数据。

DTR 位是数据终端准备好位。DTR＝1，表示 CPU 已准备好接收数据。

RxE 位是允许接收位。RxE＝1，接收器才能从外部串行接收数据。

SBRK 位是间断发送字符位。SBRK＝1，使 TxD 引脚为低电平，一直发送 0 信号。正常通信过程中 SBRK 位应保持为 0。

ER 位是清除错误标志位。8251A 设置了 3 个出错标志，分别是奇偶校验标志 PE、越界错误标志 OE 和帧校验错标志 FE。ER＝1 时，PE、OE、FE 标志同时清零

RTS 位是请求发送信号。RTS＝1 表示 CPU 已做好发送数据准备，请求向调制解调器或外设发送数据。

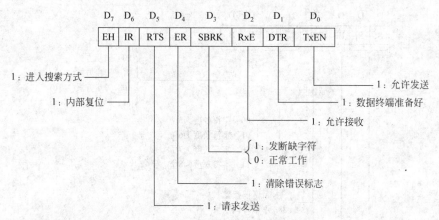

图 3.3　USART 8251 命令字格式和各位含义

IR 位是内部复位信号。IR＝1,迫使 8251A 回到接收方式选择控制字的状态。

EH 位是跟踪方式位。EH 位只对同步方式有效,EH＝1,表示开始搜索同步字符。

USART 8251 状态字格式和各位含义如图 3.4 所示。

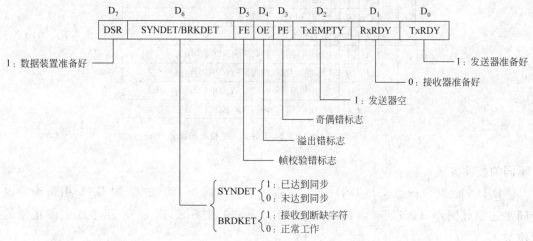

图 3.4　USART 8251 状态字格式和各位含义

下面对 USART 8251 状态字各位含义进一步说明。

TxRDY 是发送器已准备好标志。TxRDY＝1,表示当前发送数据缓冲器已空,此位可供 CPU 查询。

RxRDY 是接收器已准备好信号。表示接收数据缓冲器已接收到一个数据符号,等待向 CPU 输入。

TxEMPTY 是发送器空闲信号。表示 8251A 的发送移位寄存器已空,CPU 可向 8251A 发送缓冲器写入数据。

PE 是奇偶校验错标志位。PE＝1,表示当前产生了奇偶错。

OE 是溢出错标志位。OE＝1,表示当前产生了溢出错,CPU 没来得及将上一字符读走,下一字符已经到来。8251A 将继续接收下一字符,但上一字符将丢失。

FE 是帧校验错标志位,用于异步工作方式。若 FE=1,表示异步方式中接收器接收不到停止位。

SYNDET/BRKDET 是双功能检测信号位。在同步方式时,此信号表示同步检测信号,用来反映是否达到同步。在异步方式时,用来判断是否处于正常工作下,有无接收到断缺字符。

DSR 是数据装置设备准备好位。DSR=1,表示外设或调制解调器已准备好发送数据。

(2) 对 8251 命令口写入的顺序如图 3.5 所示。8251 的控制字没有特征位,只根据送入的顺序来识别是方式选择还是命令字。对 8251 的写入来说可处于两种状态:方式选择字状态和命令字状态。当处于方式选择字状态时,向 8251 写入的信息被当作方式选择字;当处于命令字状态时,写入的信息被认为是命令字。为了保证 8251 正确地识别不同的状态字,要向控制口连续写入 3 个 0,再写入 1 个带有内部复位的命令字(40H)。系统复位后,先选用方式选择控制字,若定义 8251 为异步工作方式,则紧跟定义操作命令字,然后进行数据传送。在数据传送过程中可对操作命令字重新定义,也可读取 8251 的状态字。待数据传送结束后,必须把操作命令控制字的 IR 位置 1。向 8251 传送内部复位命令后,8251 才可重新以接收方式选择命令字符。

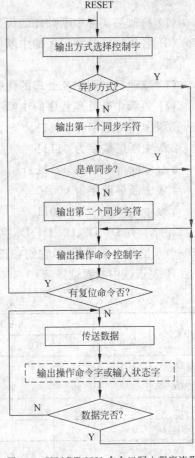

图 3.5 USART 8251 命令口写入程序流程

3.11 在单级中断系统中,中断服务程序的执行顺序是_____。

① 保护现场　　　② 开中断　　　③ 关中断　　　④ 保存中断
⑤ 中断事件处理　⑥ 恢复现场　　⑦ 中断返回

A. ④→①→⑤→⑥→⑦　　　　　　　B. ③→①→⑤→⑦
C. ③→④→⑤→⑥→⑦　　　　　　　D. ①→⑤→⑥→②→⑦

解: D。③关中断和④保存中断都是中断隐指令的操作,都是硬件完成的操作。A、B、C 这 3 个选项的第 1 项分别是③和④,都不是中断服务程序的内容,都不符合题意,都可以被排除。

3.12 某计算机有 5 级中断系统,它们的中断响应级别从高到低依次为 1→2→3→4→5。现对该中断系统进行修改,使各级中断均屏蔽本级中断,并进一步按照如下原则处理:

• 处理 1 级中断时,屏蔽 2~5 级中断。
• 处理 2 级中断时,屏蔽 3~5 级中断。
• 处理 3 级中断时,屏蔽 4、5 级中断。
• 处理 4 级中断时,不屏蔽其他中断。

- 处理 5 级中断时,屏蔽 4 级中断。

求解:

(1)修改后实际中断处理的优先级顺序。

(2)各级中断处理程序的中断屏蔽字。

解:

(1)修改后实际中断处理的优先级顺序为 1→2→3→5→4。

(2)各级中断处理程序的中断屏蔽字如下:

1 级中断屏蔽字为 11111。

2 级中断屏蔽字为 01111。

3 级中断屏蔽字为 00111。

4 级中断屏蔽字为 00010。

5 级中断屏蔽字为 00011。

3.13 有 D1、D2、D3、D4、D5 共 5 个中断源,优先级分别为 1、2、3、4、5。每个中断源都有一个 5 位的中断屏蔽码,它们在正常情况下和变化后的值如表 3.1 所示(0 表示该中断源开放,1 表示该中断源被屏蔽)。

表 3.1 3.13 题中的中断屏蔽码

中断源	中断优先级	正常情况下的中断屏蔽码					变化后的中断屏蔽码				
		D1	D2	D3	D4	D5	D1	D2	D3	D4	D5
D1	1	1	1	1	1	1	1	0	0	0	0
D2	2	0	1	1	1	1	1	1	0	0	0
D3	3	0	0	1	1	1	1	1	1	0	0
D4	4	0	0	0	1	1	1	1	1	1	0
D5	5	0	0	0	0	1	1	1	1	1	1

求解:

(1)当使用正常情况下的中断屏蔽码时,处理器响应各中断源的中断请求和进行中断处理的先后次序。

(2)当使用变化后的中断屏蔽码时,处理器响应各中断源的中断请求和进行中断处理的先后次序。

(3)用图形表示,当使用变化后的中断屏蔽码且 5 个中断源同时请求中断时,处理机响应中断请求和实际运行中断服务子程序的情况。

解:

(1)中断响应次序:D1→D2→D3→D4→D5。

中断处理次序:D1→D2→D3→D4→D5。

(2)中断响应次序:D1→D2→D3→D4→D5。

中断处理次序:D4→D5→D3→D2→D1。

(3)如图 3.6 所示。

3.14 设有 8 个中断源,用软件方式排队判优。

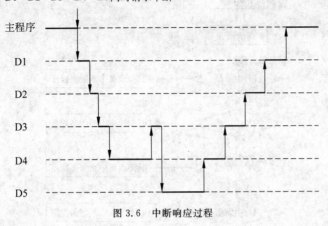

D1、D2、D3、D4、D5同时请求中断

图 3.6 中断响应过程

(1) 设计中断申请逻辑电路。

(2) 如何判别中断源？画出中断处理流程。

解：

(1) 如图 3.7 所示，用软件方式排队判优，所需硬件非常简单，只需一个或门和一个存放 8 个请求信号的寄存器即可。或门的输出可判别有无中断请求，若有，再通过程序对寄存器中对应位进行检测，在程序中，位置在前检测的则其优先级别高。

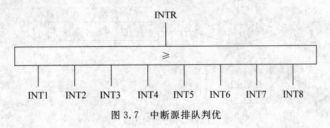

图 3.7 中断源排队判优

(2) 利用软件进行查询，其流程图如图 3.8 所示。

3.15 设有 A、B、C 三个中断源，其中 A 的优先级最高，B 的优先级次之，C 的优先级最低，请分别用链式和独立请求方式设计判优电路。

解：

(1) 独立请求的中断判优线路如图 3.9(a)所示。其中，A 中断若有请求，则通过低位信号把 B、C 中断请求直接封锁；若无中断请求，则 B 中断有请求即可向 CPU 发出，同时利用低位信号封锁 C 中断的中断请求。

(2) 链式判优线路如图 3.9(b)所示。这种判优是在 CPU 响应中断之后才进行的，CPU 的响应信号 INTA 串行地依次连接所有中断源，中断源有中断请求，则封锁 INTA 信号，同时产生该中断源的中断请求识别信号；若无中断请求，则把 INTA 信号传给下一个中断源。

3.16 中断请求的优先排队可归纳为两大类，它们是_____和_____。程序中断方式适用于_____和_____场合。

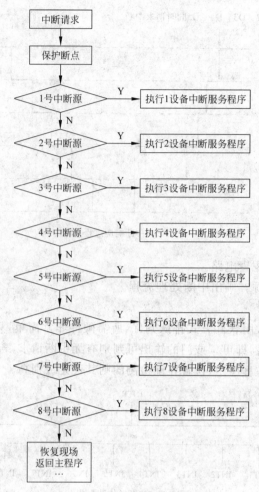

图 3.8 软件查询判优流程图

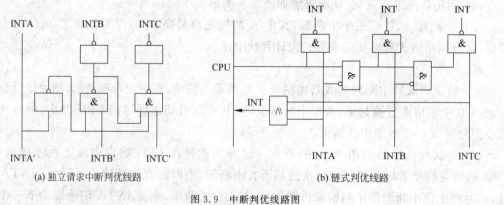

(a) 独立请求中断判优线路   (b) 链式判优线路

图 3.9 中断判优线路图

解：硬件判优，软件判优，异常情况，特殊请求。

3.17 何为单级中断与多级中断？如何实现？

解：单级中断是指在中断响应后,进入中断服务程序的执行过程中,不允许其他中断源再打断中断服务程序。各中断源处于同一级别,在 CPU 中断响应时,把离 CPU 最近的中断源作为优先级别最高的。

多级中断是指在计算机系统中按中断事件的轻重缓急程度分成若干中断级别。每个中断级别分配一个优先权。在 CPU 响应中断,执行中断服务程序时,更高级别的中断可以打断中断服务程序的执行,即可中断嵌套。多级中断主要通过堆栈技术实现。

3.18 系统处于 DMA 模式时,每传送一个数据就要占用的时间为_____。

A. 一个指令周期   B. 一个机器周期

C. 一个存储周期   D. 一个总线周期

解：选 C。DMA 要与存储器进行数据传送,每次传送只涉及存储器的读写,因此传送一个数据要占用一个存储器周期。

3.19 在下列叙述中,哪个是正确的?

A. 与各中断源的中断级别相比较,CPU(或主程序)的级别最高。

B. DMA 设备的中断级别比其他外设高,否则可能引起数据丢失。

C. 中断级别最高的是不可屏蔽中断。

解：只有 B 是正确的。在主程序执行时,若有 I/O 请求或有硬件等方面的故障等都可以中断主程序的执行,因此 CPU 的级别并不是最高的;中断级别最高的不一定是不可屏蔽中断,这与机器的设计有关,如在 PC/XT 中,中断的优先级要比不可屏蔽的中断级别要高。

3.20 中断控制方式中的中断与 DMA 的中断有何异同?

解：DMA 在控制外设与主机数据交换的过程中会向 CPU 申请总线控制权,并向 CPU 报告数据传送过程中的正常或异常情况,这些都需要中断,但与程序中断控制方式中的中断有所不同:

(1) 对 DMA 的中断,CPU 在一个机器周期结束时就可响应。对于程序中断,则 CPU 必须执行完一条指令后方可响应。

(2) DMA 的控制只在外设和内存之间进行,不会破坏 CPU 的现场。在响应中断时,不需保护现场,因此可快速响应。

3.21 如果认为 CPU 等待设备的状态信号是处于非工作状态(即踏步等待),那么在_____方式下,主机与外设是串行工作的;在_____方式下,主机与外设是并行工作的。

A. 程序查询控制方式   B. 中断控制方式

C. DMA 方式

解：两个空分别选 A 和 B。在程序查询方式下,当 CPU 等待外设的状态信号时,不能执行其他操作,只有当外设准备好后,才能继续执行查询程序及后续工作,因此,在程序查询控制方式下,当外设做启动工作时,CPU 与外设是串行工作的。在中断控制方式下,当外设做启动工作时,CPU 可以继续原来的工作,待外设准备好后,由中断控制器向 CPU 发出中断请求,CPU 才停止原来的工作处理中断,因此,外设与主机是并行工作的。

3.22 CPU 响应非屏蔽中断请求的条件是_____。

A. 当前执行的机器指令结束且没有 DMA 请求信号

B. 当前执行的机器指令结束且 IF(中断允许)标志为 1

C. 当前机器周期结束且没有 DMA 请求信号

D. 当前执行的机器指令结束且还没有 INT 请求信号

解：A。

非屏蔽中断就是计算机内部硬件出错引起的中断。这种中断请求是不可被屏蔽的,并且在其执行过程中不允许再为其他中断服务,即要禁止任何其他中断。

3.23 通道的功能是_____、_____。按通道的工作方式分,通道有_____、_____和_____ 3 种类型。通道程序由一条或几条_____构成。

解：接收 CPU 的 I/O 指令,控制外设与主存的数据的交换,字节多路通道,数组多路通道,选择通道,通道指令。

3.24 从可供选择的答案中,选出正确答案。

(1) CPU 响应中断后,在执行中断服务程序之前,至少要做___A___这几件事。

(2) 中断服务程序的最后一条是___B___指令。

(3) 实现磁盘与内存间快速数据交换,必须使用___C___方式。

(4) 在以___C___方式进行数据传送时,无须___D___的介入,而是外设与内存之间直接传送。

(5) 打印机与 CPU 之间的数据传送不能使用___C___方式,而使用___E___方式。

供选择答案:

A、B：①关中断、保存断点、找到中断入口地址；②关中断、保存断点；③返回；④中断返回；⑤左移；⑥右移；⑦移位

C、D、E：①中断；②查询；③DMA；④中断或查询；⑤中断或 DMA；⑥CPU；⑦寄存器

解：答案如下：A①，B④，C③，D⑥，E④。

(1) CPU 要执行中断服务程序,必须首先得到中断服务程序的首地址,为了在处理完中断后能正确返回原来执行的程序中,需要把原程序执行的地址和状态进行保存,即保存断点。在做这两项工作时,中断服务程序的工作尚未形成,为不让高级中断的响应引起程序的混乱,必须要关中断,待 CPU 执行中断服务程序开始后再开中断。

(2) 中断处理完后,CPU 将继续执行原来的程序。因此中断服务程序的最后一条指令一定是返回指令。

(3) 磁盘与主机交换数据的速度较快,为减少中断次数,防止数据丢失,必须采用 DMA 控制方式。

(4) DMA 是利用硬件控制外设与主机直接交换数据,无须 CPU 干预。

(5) 打印机的速度较慢,采用快速的 DMA 方式有可能丢失数据,并浪费硬件资源。因此宜采用程序查询方式或程序中断控制方式。

3.25 DMA 方式与通道方式有何异同?

解：DMA 和通道控制方式最基本的相同点是把外设与主机交换数据过程的控制权从 CPU 中接管过来,使外设能与主机并行工作。两种方式主要的不同在如下几个方面：

(1) DMA 与通道的工作原理不同。DMA 完全采用硬件控制数据交换的过程,速度较快。而通道则采用软硬件结合的方法,通过执行通道程序控制数据交换的过程。

（2）DMA 与通道的功能不同。通道是在 DMA 的基础上发展来的。因此，通道功能要比 DMA 的功能更强。在 DMA 中，CPU 必须进行设备的选择、切换、启动、终止，并进行数据校验。CPU 在输入输出过程中的开销较大，通道控制则把这些工作都接管了，以减轻 CPU 的负担。

（3）DMA 与通道所控制的外设类型不同。DMA 只能控制速度较快、类型单一的外设，而通道则可支持多种类型的外设。

3.26　某磁盘存储器数据存储字长为 32b，传输速率为 1MB/s，CPU 时钟频率为 50MHz。计算下列数据：

（1）采用程序查询方式进行 I/O 控制，且每次查询操作需要 100 个时钟周期。计算在充分查询时 CPU 为查询所花费的时间比率。

（2）采用中断方式进行 I/O 控制，且每次传输操作（包括中断处理）需要 100 个时钟周期。计算在 CPU 为传输查硬盘数据所花费的时间比率。

（3）采用 DMA 控制器进行 I/O 控制，且 DMA 的启动操作需要 1000 个时钟周期，DMA 的平均传输数据长度为 4KB，DMA 完成时的中断处理需要 500 个时钟周期。若忽略 DMA 申请使用总线的开销，计算磁盘存储器工作时 CPU 进行 I/O 处理所花费的时间比率。

解：

（1）采用程序查询方式进行 I/O 控制时：

$1MB = 2^{20}B$，每秒钟的查询次数为 $2^{20}/4 = 2^{18}$ 次。

每秒钟内查询所用的总时钟周期数为 $2^{18} \times 100 \approx 2.62 \times 10^7$ 次。

每个时钟周期长度为 $1/(50 \times 10^6) = 0.02\mu s$。

每秒钟内查询所花费的时间比率为 $2.62 \times 10^7 \times (0.2 \div 10^6) \div 1 = 52\%$。

（2）采用中断方式进行 I/O 控制时：

每传送一个字节需要的时间：$(32/8) \times 1 \div 2^{20} \approx 4\mu s$。

每次传输时 CPU 的时间开销：$100 \times 0.02 = 2\mu s$。

CPU 时间开销的每次传输中的比率：$2/4 = 50\%$。

（3）采用 DMA 控制器进行 I/O 控制时：

每传输一次的时间开销为 $4KB/(1MB) = 4ms$。

CPU 进行中断处理和启动 DMA 的时间开销为 $0.02 \times (1000 + 500) = 30\mu s = 0.03ms$。

一次传输的总时间开销为 $4 + 0.03 = 4.03ms$。

其中 CPU 的时间开销比率为 $0.03 \div 4.03 = 0.74\%$。

3.27　设备驱动程序有何作用？它们一般包含哪些内容？

解： 设备驱动程序进行的处理工作，对不同的设备有所不同，但基本任务是启动指定设备，并且在启动设备之前完成一系列准备工作。一般地说，设备驱动程序的工作过程如下所述：

（1）将应用程序中的抽象要求转换为具体要求。设备是由设备控制器控制的。但是用户与上层软件的应用程序并不了解设备控制器的细节，而只能给它提出抽象要求（命令），而设备控制器又不能理解这些抽象要求。于是，驱动程序就肩负了中间转换的作用，将抽象要求转换为具体要求，确定将命令、数据和参数分别送到设备控制器的哪个寄存器。

（2）对 I/O 请求进行合法性检查。检查用户要求是否能为设备所接受，是否属于设备的功能范围。

（3）读出并检查设备状态。启动设备控制器的条件是设备就绪，如对打印机要检查电源是否接通、是否有纸等；对软盘驱动器要检查有无磁盘、有无写保护等。

（4）传送必要的参数。如要提供本次传送的字节数等。

（5）设置工作方式。例如对于异步串行通信接口要设置传输速率、奇偶检验方式、停止位宽度及数据长度等。

（6）启动 I/O 设备。完成上述工作后，即可向设备控制器发出启动命令。

3.28　如何针对不同的设备进行设备分配？

解：根据设备的种类、设备的速度、设备的使用、设备的接口等进行设备分配。

3.3　自 测 练 习

3.3.1　选择题

1. 输入输出设备和外接辅助存储器称_____。

    A. 辅存　　　　　B. 外围设备　　　　C. I/O 设备　　　　D. 连接设备

2. 显示由 32×32 点阵组成的字符，需要用_____。

    A. 128B　　　　　B. 64B　　　　　　C. 32B　　　　　　D. 256B

3. CRT 的颜色数为 256 级，分辨率为 1024×1024，则刷新存储器容量是_____。

    A. 1K　　　　　　B. 1M　　　　　　C. 1KB　　　　　　D. 1MB

4. 计算机外部设备采用异步串行传送方式传送字符，每个字符由 1 位起始位、7 位数据位、1 位检验位、1 位停止位组成。若要求每秒钟传送 960 个字符，则传送速率应为_____b/s。

    A. 2400　　　　　B. 4800　　　　　C. 9600　　　　　D. 3600

5. 外部设备有 3 种状态，分别为_____、_____和_____。CPU 根据这些状态来控制外部设备。

    A. 空闲状态　　　B. 等待状态　　　C. 忙碌状态　　　D. 挂起状态

    E. 完成状态　　　F. 关闭状态　　　G. 启动状态

6. 下面的叙述中正确的是_____。

    A. 外部设备与地址无关

    B. 统一编址方法下，不可访问外部设备

    C. 访问存储器的指令一定不能访问外部设备

    D. 单独编址方式下，要有专门输入输出指令

7. 独立编址方式访问外部设备是用_____。

    A. 不同的中断　　B. 总线　　　　　C. 输入输出指令　　D. 微操作

8. 中断向量地址是_____。

　　A. 子程序的入口地址　　　　　　　　B. 中断服务子程序的入口地址

　　C. 中断服务子程序入口地址的地址　　D. 中断返回地址

9. 中断允许触发器用来表示_____。

　　A. 外设提出中断请求　　　　　　　　B. 是否响应中断

　　C. 开放或关闭中断系统　　　　　　　D. 正在进行中断处理

10. 主机中断有 4 级,优先级从高到低为 1、2、3、4,若修改其优先级,屏蔽字分别是:1 级为 1010,2 级为 0111,3 级为 0001,4 级为 1111,则修改后优先级从高到低为_____。

　　A. 1、2、4、3　　　B. 2、1、3、4　　　　C. 3、1、2、4　　　　D. 3、2、4、1

11. 外部设备提出中断请求的条件是_____。

　　A. 一个 CPU 周期结束　　　　　　　B. 外设工作完成和系统允许

　　C. CPU 开放中断系统　　　　　　　D. 总线空闲

12. 下列情况中_____会发生中断请求。

　　A. 产生存储周期挪用　　　　　　　　B. 一次 I/O 操作结束

　　C. 两个数据操作运算　　　　　　　　D. 上述 3 种情况都不会发生中断请求

13. 在处理一个中断时,又有一个优先级高的中断请求,系统立即响应优先级高的中断请求,称_____。

　　A. 中断嵌套　　　B. 中断向量　　　　C. 中断响应　　　　D. 中断屏蔽

14. 中断系统是由_____技术实现的。

　　A. 软件　　　B. 软硬件　　　　C. 硬件　　　　D. 固件

15. DMA 方式是在_____之间建立直接的数据通路。

　　A. I/O 设备　　　　　　　　　　　B. 主存与 I/O 设备

　　C. CPU 与 I/O 设备　　　　　　　D. CPU 与主存

16. 以 DMA 方式传送数据,不破坏_____的内容,数据传送完毕,主机立即继续执行原程序。

　　A. 地址寄存器　　　　　　　　　　B. 程序计数器和寄存器

　　C. 指令寄存器　　　　　　　　　　D. 程序计数器

17. 在 DMA 进行数据传送时采用了_____。

　　A. 块　　　B. 二进制位　　　C. 字　　　D. 字节

18. 中断的产生是_____。

　　A. 随机的　　　B. 人工干预　　　C. 程序编好　　　D. 以上都不对

19. 运算器产生溢出中断属于____(1)____,而 I/O 设备中断属于____(2)____。

(1) A. 内中断　　　B. 外中断　　　C. 二次中断　　　D. 软中断

(2) A. 内中断　　　B. 外中断　　　C. 多重中断　　　D. 事故中断

20. 通道对 CPU 的请求采用_____形式。

　　A. 中断　　　B. 通道命令　　　C. 转移指令　　　D. 自陷

21. 通道控制程序由_____组成。

　　A. I/O 指令　　　　　　　　　　　B. 通道控制字(或称通道指令)

C. 通道状态字　　　　　　　　　　　D. 以上都不对

22. 统一编址方式访问外部设备是用_____。

　　A. 传输指令　　　B. 中断指令　　　C. 微操作　　　D. 输入输出指令

23. 在_____下，计算机等待传送数据。

　　A. 通道方式　　　B. 中断方式　　　C. DMA 方式　　　D. 程序查询方式

24. 主机与 I/O 设备传送数据时，_____是串行工作的。

　　A. I/O 方式　　　B. 中断方式　　　C. DMA 方式　　　D. 程序查询方式

25. 主机与 I/O 设备采用_____传送数据时，CPU 的效率最高。

　　A. 程序查询方式　B. 通道方式　　　C. DMA 方式　　　D. 中断方式

26. CPU 进行 I/O 处理的优先级高低排列次序为_____。

　　A. 程序查询方式、中断方式、DMA 方式

　　B. 中断方式、程序查询方式、DMA 方式

　　C. DMA 方式、中断方式、程序查询方式

　　D. 以上都不对

27. _____支持了 CPU 与 I/O 设备的并行工作。

　　A. I/O 指令　　　B. 缓冲区　　　C. 时钟　　　D. 通道

3.3.2　填空题

1. LCD 的英文全称是_____。

2. 多用户共享主存时，系统硬件应对用户主存区_____。

3. 在微机系统中每一种外部设备通过_____和主机相连。

4. 显示适配器由_____存储器、_____控制器、_____和_____组成，是 CRT 和 CPU 的接口。

5. _____和_____是显示器的主要性能指标，_____越高，图像显示就越清晰。

6. 打印字符的点阵通常采用_____实现存储。

7. 打印和显示输出可以分别称为_____复制和_____复制。

8. 外部设备的编址方式有两种，分别是_____和_____。

9. 分辨率为 1024×768 的显示器，若灰度为 256 级，则刷新存储器的容量为_____；若采用 32 位真彩方式，其刷新存储器的容量为_____。

10. 外部设备接口的主要功能是_____。

11. 输入输出设备接口中应有的寄存器包括_____、_____、_____。

12. 输入输出设备提供给 CPU 的是_____、_____和_____ 3 个状态寄存器。

13. _____、_____以及 I/O 软件组成输入输出系统。

14. 在统一编址方式下，使用_____指令访问外部设备，访问外部设备和内存将使用_____控制总线。

15. 在单独编址方式下，使用_____指令访问外部设备，访问外部设备和内存_____控制总线（填使用或不使用）。

16. 可编程通用接口是指用户可以通过_____指定接口的工作方式。

17. 程序控制方式中,由_____控制数据的传送。

18. 中断屏蔽的作用是_____和_____中断。

19. 中断时保护现场完成的是_____。

20. 编程中使用开中断是为了_____。

21. 程序查询方式传送数据采用_____方式,这时 CPU 和外部设备_____工作。

22. 程序中断方式传输数据采用_____方式,这时 CPU 和外部设备_____工作。

23. 中断屏蔽触发器主要用于_____。

24. 在多级中断系统处理中,要保护现场和恢复现场,采用_____是很方便的。

25. 保护现场可用_____,恢复现场可用_____。

26. _____是最高级别的中断。

27. 处理中断使用_____和_____方法可以保证程序执行的完整性。

28. 内中断包括_____和_____中断等。

29. 外中断包括_____和_____中断。

30. DMA 技术使_____可以直接访问_____,并与_____并行工作。

31. 通道是比 DMA 更高级的一个 I/O 数据处理设备。在 DMA 方式下,CPU 响应一个 I/O 请求时,需要先为 DMA 进行一些准备工作,如计算出数据存放在内存中的开始位置和结束位置,再启动 DMA 进行数据传送。而通道有专用的_____,CPU 响应 I/O 请求后,只需通知通道执行哪些指令,计算数据在内存存放位置等准备工作都由通道自己完成;通道完成数据传送后,向 CPU 通告一下即可。

32. DMA 方式的接口由_____、_____和_____组成。

33. DMA、程序控制和通道这 3 种 I/O 控制方式中,以_____控制速度最快。

34. 通道与 CPU 的分时使用实现了_____工作。

35. 通道有_____,它有专用_____来传输数据,而 CPU 通道的流量是指_____单位时间传输数据位大小。

3.3.3 简答题

1. 为什么 I/O 设备要通过接口与 CPU 相连?

2. 说明 I/O 设备的两种编址方式的特点。

3. 影响 I/O 设备与 CPU 连接方式的因素是什么?

4. 简述输入输出系统组成。

5. 简述计算机系统中的显示设备。

6. 写出将一个字节 ABH 输出到端口 30H 的指令。

7. 编写程序以测试输入端口 48H 的第 2 位状态。

8. CPU 响应中断有哪些操作?

9. 主机与不同种类外部设备连接时的主要问题是什么?

10. 叙述外部设备工作的特点。

11. 一个显示器的分辨率为 1024×1024,其灰度为 256 级,求其刷新存储器的容量。为什么显示器的荧光屏要不断进行刷新?

12. 简述硬件中断和软件中断。

13. 常见的中断源有哪些？

14. 输入和输出设备应具有哪些功能？

15. 主机与I/O设备数据交换方式有几种？请说明特点。

16. 画图表示程序查询方式。

17. 叙述一次I/O设备程序中断的全过程。

18. 什么是多重中断。

19. 叙述DMA控制器与CPU占用内存的方法。

20. 比较中断与DMA。

21. 简要介绍BIOS。

3.4　自测练习参考答案

3.4.1　选择题参考答案

1. B 　2. A 　3. D 　4. C 　5. ABC 　6. D 　7. C 　8. C 　9. B

10. C 　11. B 　12. B 　13. A 　14. B 　15. B 　16. B 　17. A 　18. A

19. AB 20. B 　21. B 　22. A 　23. D 　24. D 　25. B 　26. C 　27. D

3.4.2　填空题参考答案

1. Liquid Crystal Display

2. 存储保护

3. 接口

4. 刷新，显示，ROM，BIOS

5. 分辨率，灰度级，分辨率

6. ROM

7. 硬，软

8. 单独编址，与主存储器地址统一编址

9. $256=2^8$，$1024\times768\times8=1024\times768B=768KB$，$1024\times768\times32=1024\times1024\times3B=3MB$

10. 接收主机控制命令，向主机提供外部设备状态

11. 控制寄存器，状态寄存器，数据寄存器

12. 忙碌，空闲，完成

13. 输入设备，输出设备

14. 访内，统一

15. 外部设备专用，不同

16. 对接口进行编制程序

17. CPU

18. 开放，禁止

19. 保护中断时断点(PC)和一些寄存器内容

20. 允许多级中断

21. 异步，串行

22. 异步，并行

23. 改变中断优先级顺序或屏蔽一些不允许的中断

24. 堆栈

25. 堆栈进栈，堆栈出栈

26. 硬件故障(如掉电)

27. 屏蔽，允许

28. 系统故障，指令执行

29. I/O 设备，人工干预

30. 外部设备，主存，CPU

31. I/O 控制部件和通道指令

32. 设备选择电路，状态电路，数据缓冲器

33. DMA

34. 并行

35. 处理器，程序，处理数据

3.4.3 简答题参考答案

1. **解**：I/O 设备要通过接口与 CPU 相连的原因主要有：

(1) 一台机器配有多台 I/O 设备，通过接口可实现对设备的设备号(地址)选择。

(2) 各种 I/O 设备速度不同，通过接口可实现与 CPU 速度匹配。

(3) 接口可实现 I/O 设备与 CPU 的数据串并转换和电平转换。

(4) CPU 从 I/O 设备接口获得其工作状态("忙"、"闲")。

2. **解**：I/O 的编址方式有两种：统一编址和单独编址。统一编址是在主存地址空间划出一定的范围作为 I/O 地址，这样访存指令即可访问 I/O 设备。但是这种编址方式减少了主存容量。单独编址要使用专门的 I/O 指令。

3. **解**：影响外部设备与主机连接方式的主要因素有以下 4 个：

(1) I/O 系统的工作模式，包括

- 程序控制直接传送模式。
- 程序查询控制模式。
- 程序中断控制模式。
- 直接存储器访问(DMA)模式。
- 通道控制模式。
- I/O 处理机控制模式。

(2) 数据传送方式，包括

- 并行传送。

- 串行传送。

（3）数据通信的同步方式，包括

- 同步通信（发送端与接收端之间有统一的时钟）。
- 异步通信（发送端与接收端之间无统一的时钟，采用应答控制方式）。

（4）传送信息的种类，包括

- 设备地址信息。
- 数据。
- 设备状态信息。
- 控制信息。

4. **解**：输入输出系统是计算机主机与外界交换信息时的硬件和软件的总称，简称 I/O 系统。

一般说来，I/O 系统的硬件由以下几个部分组成：

（1）外部设备：围绕主机而设置的各种信息媒体转换和传递的设备。

（2）设备控制器与接口：控制主机与外部设备之间的信息格式转换、交换过程以及外部设备运行状态的硬、软件，也称设备适配器，它与外部设备的特性有关。

（3）I/O 总线：主机与外部设备之间的信息传送通路。

5. **解**：计算机系统中的显示设备按显示器件可分为阴极射线管（CRT）、等离子显示板（PDP）、发光二极管（LED）、场致发光板和液晶显示（LCD）等。目前计算机系统中使用最广泛的是 CRT 和 LCD。

6. **解**：

```
MOV   AL, ABH
OUT   30H, AL
```

7. **解**：

```
MOV    DX, 48H
IN AL, DX
TEST   AL,  00000100B
JZ     L1
…
L1: …
```

8. **解**：

（1）保护断点。

（2）保护现场。

（3）识别中断源转向中断服务程序。

（4）开中断，允许更高级中断的响应实现中断嵌套。

（5）执行中断服务程序。

（6）执行中断服务程序完毕，恢复现场。

（7）中断返回（返回断点）。

9. **解**：主机与不同种类外部设备连接时的主要问题是它们的速度匹配、数据格式转换、相互命令传递、外部设备工作状态、数据传输地址等，这些问题由外部设备的接口来解决。

10. **解**：外部设备种类繁多，速度不同，与CPU工作相对独立，多数设备与CPU是异步通信。CPU经常检测外部设备的工作状态，如忙、闲、工作结束等。对高速传输外部设备，要求CPU及时处理。不同种类的外部设备工作原理不同，数据格式相异，与CPU通信时接口的结构、功能也不同。因此，CPU使用标准接口与外设通信能简化计算机接口的设计和实现。

11. **解**：灰度 $256=2^8$，则需要刷新存储器的容量为 $1024 \times 1024 \times 8 \div 8 = 1\text{MB}$。显示器上图像是用CRT电子束扫描形成的，电子束扫描光点亮度保持时间为几十毫秒，为了看到不闪烁的稳定图像，屏幕上每个光点必须在其亮度消失前再重复显示一次，即刷新。

12. **解**：硬件中断是通过中断请求线输入电信号来请求处理机进行中断服务；软件中断是处理机内部识别并进行处理的中断过程。硬件中断一般是由中断控制器提供中断类型码，处理机自动转向中断处理程序；软件中断完全由处理机内部形成中断处理程序的入口地址并转向中断处理程序，不需外部提供信息。

13. **解**：常见中断源如下：

- I/O设备中断。如I/O设备向主机可以发送或接收信息。
- 数据通道中断。如磁盘与CPU交换数据。
- 实时时钟中断。要求实时编程。
- 硬件故障中断。如电源掉电、设备故障。
- 系统中断。如运算中溢出、校验错、有非法指令。
- 软件调试中断。程序调试设置断点，查看结果。

14. **解**：
(1) 完成计算机主机与外界的信息交换。
(2) 实现人机交互。
(3) 存储备用的软件及各种数据。
(4) 扩展计算机应用领域。

15. **解**：有以下5种数据交换方式。

(1) 程序查询方式。这是一种直接在程序的控制下利用I/O指令执行数据传送。CPU和外设同步工作。在CPU启动外设后，查询到外设准备就绪，则执行I/O指令完成数据的交换，否则继续等待。由于外设工作速度慢，等待浪费CPU大量的时间，影响了主机的效率。

(2) 程序中断方式。它在CPU启动外设后，可继续执行别的指令。外设工作就绪后主动发出中断请求信号，在条件满足时，主机执行中断服务程序处理中断事件，实现数据的交换，不需要CPU等待，提高了效率。

(3) 直接内存访问(DMA)方式。这是由DMA控制器实现数据交换。传送要求由外设随机提出，挪用CPU一个存储周期，使主存与外设完成一次数据交换，交换过程不必借用CPU中寄存器等资源，节省CPU在程序中断方式中保留现场和恢复现场等操作的时间耗费，故提高了系统的效率。

（4）通道传送方式。通道是一个具有特殊功能的处理器，它可以实现对外设的统一管理和外设与内存之间的数据传送。一个通道可以控制多台外设，用通道程序实现其控制功能，具有更大的灵活性与通用性。同时大大提高了 CPU 的工作效率。当然，通道要求更多的硬件支持。

（5）I/O 处理机方式。它使通道独立于主机工作方式，它的结构更接近一般处理机。在一些系统中设置了多台 I/O 处理机，分别承担 I/O 控制、通信、诊断等工作。这种系统已变成分布式的多机系统。

16. 解：如图 3.10 所示。

17. **解**：I/O 设备的中断可分为 5 个阶段。

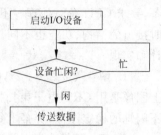

图 3.10 中断查询过程

（1）中断请求。CPU 启动 I/O，当 I/O 准备就绪时，向 CPU 提出中断请求。

（2）中断判优。当同时出现多个中断请求时，经中断判优，选择优先级最高的中断处理。

（3）中断响应。如果允许该中断，系统便进入中断响应，硬件保存断点及程序状态字，关中断，并把中断向量地址送 IP。

（4）中断服务。中断响应结束后，CPU 转向对应的中断服务程序入口地址，执行中断服务程序（保护现场、I/O 传送数据和恢复现场）。

（5）中断返回。执行中断服务程序后，返回到程序断点，一次程序中断结束。

18. **解**：多重中断处理是指在处理某一个中断过程中又发生了新的中断，即中断一个中断服务程序的执行，又转去执行新的中断处理。这种重叠处理中断的现象也称为中断嵌套。

19. **解**：DMA 控制器与 CPU 都要使用内存，常用的有 3 种方式：

（1）DMA 可以使 CPU 暂停访问内存。

（2）DMA 与 CPU 交替访问内存。

（3）DMA 等待内存有空闲时访问。

20. **解**：与中断控制相比，DMA 控制有如下特点。

（1）中断方式是通过程序切换进行，CPU 要停止执行现行程序，转去执行中断服务程序，在这一段时间内，CPU 只为外设服务。DMA 控制是硬件切换，CPU 不直接干预数据交换过程，只是在开始和结束时借用一点 CPU 的时间，大大提高了 CPU 的利用率，系统的并行性较高。

（2）对中断的响应只能在一条指令执行完成时进行，而对 DMA 的响应可以在指令周期的任何一个机器周期（存取周期）结束时进行。

（3）中断具有对异常事件的处理能力，而 DMA 模式主要用于需要大批量数据传送的系统中，如磁盘存取、图像处理、高速数据采集系统、同步通信中的收发信号等方面，可以提高吞吐量。

21. **解**：BIOS 英文全称是 Basic Input/output System，它是固化在 PC 的 ROM 中的基本输入输出系统。它提供机器加电后进行自检、引导装入、主要 I/O 设备的处理程序以及接口控制等功能模块，以中断处理形式存在，它可处理所有系统中断，如键盘、磁盘、显示器、打印等。使用 BIOS 功能调用，可让程序员不需要了解 I/O 硬件接口特性，直接设置参数，调用 BIOS 中的程序。由于 BIOS 直接建立在硬件基础之上，而 DOS 是建立在 BIOS 基础之上，因此用户常用 DOS 和 BIOS 调用。例如，打印字符 A 的指令如下：

```
MOV  AL,  'A'
MOV  AH,  00H
INT  17H                  ;从键盘读入一个字符的 ASCII 码
MOV  AH,  00H             ;读入的字符存放在 AL
INT  16H
```

第4章 总线系统

4.1 知识要点

总线(bus)是由多个部件分时共享的公共信息传送线路。分时和共享是总线的两个基本特性。共享是指多个部件连接在同一组总线上,各部件之间相互交换的信息都可以通过这组总线传送。分时是指同一时刻总线只能在一对部件之间传送信息,系统中的多个部件是不能同时传送信息的。

4.1.1 总线工作原理

1. 总线通信的定时方式

1) 同步通信中的定时
- 系统总线设计时使 T_0、T_1、T_2、T_3 都有唯一明确的规定。
- 采用了公共时钟,每个部件什么时候发送或接收信息都由统一的时钟规定。
- 传输效率较高,但所有模块都强制要求一致的时限,这种设计缺乏灵活性。

2) 异步通信中的定时
- 没有公共的时钟,也没有固定的时间标准。
- 通过"请求"(request)和"应答"(acknowledge)方式(或称握手方式)来进行同步控制。

一般把异步应答关系分为不互锁、半互锁和全互锁 3 种类型。

2. 总线的组成

- 传输线:地址线,数据线控制、时序和中断信号线,电源线,备用线。
- 接口逻辑。
- 总线控制器。

3. 总线的争用与仲裁

- 链式查询方式。
- 计数器定时查询方式。
- 独立请求方式。

4.1.2 总线特性

1. 总线的基本特性

(1) 机械特性:总线在机械上的连接方式。

（2）电气特性：总线的每一根线上的信号传递方向及有效电平范围。

（3）功能特性：描述总线中每一根线的功能。

（4）时间特性：各信号有效的时序关系。

2. 总线的性能指标

（1）总线宽度：数据总线的数量，用 b（位）表示。

（2）总线周期：一次总线操作中所用的时间。

（3）总线带宽（标准传输率）：在总线上每秒传输的最大字节（B）量，用 B/s 表示，即字节每秒。

（4）总线工作的时钟频率。

（5）多路复用技术。

（6）总线控制方式。

（7）其他指标：包括总线的同步方式、信号线数、负载能力和电源电压，能否扩展 64 位宽度等。

4.1.3　总线分类

1. 按照总线传递的内容分类

- 地址总线（Address Bus，AB），用来传递地址信息。
- 数据总线（Data Bus，DB），用来传递数据信息。
- 控制总线（Control Bus，CB），用来传递各种控制信号。

2. 按照总线所处的位置分类

- 片内总线：CPU 芯片内部用于在寄存器、ALU 以及控制部件之间传输信号的总线。
- 片外总线：CPU 芯片之外，用于连接 CPU、内存以及 I/O 设备的总线。

3. 按照总线在系统中连接的主要部件分类

- 存储总线。
- DMA 总线。
- 系统总线。
- I/O（设备）总线。

4. 按照系统中使用的总线数量分类

- 单总线结构。
- 双总线结构。
- 三总线和多总线结构。

4.1.4 总线标准

1. 几种系统总线标准

- ISA 总线。
- 微通道结构 MCA 和 EISA。
- PCI 总线。
- AGP 总线。

2. 几种设备总线标准

- ATA 与 SATA。
- SCSI 与 SAS 总线。
- USB 总线。
- 光纤(FC)总线。

4.1.5 主板

- 主板及其逻辑结构。
- 主板的物理组成。
- 主板分类。
- 主板品牌级别。

4.2 习题解析

4.1 下列关于总线的说法中,正确的是_____。

① 采用总线结构可以减少信息的传输量

② 总线可以让数据信号与地址信号同时传输

③ 使用总线结构可以提高传输速率

④ 使用总线结构可以减少传输线的条数

⑤ 使用总线有利于系统的扩展

⑥ 使用总线有利于系统维护

    A. ①②③④   B. ②③④   C. ③④⑤   D. ④⑤⑥

解:D。

4.2 下面关于控制总线的说法中,正确的是_____。

① 控制总线可以传送存储器和 I/O 设备的地址信息

② 控制总线可以传送存储器和 I/O 设备的所有时序信号

③ 控制总线可以传送存储器和 I/O 设备的所有响应信号

④ 控制总线可以传送对存储器和 I/O 设备的所有命令

    A. ①②③   B. ②③④   C. ①③④   D. ③④

解：B。

    4.3　在总线中地址总线的功能是_____。

        A. 用于选择存储器单元

        B. 用于选择存储器单元和各个通用寄存器

        C. 用于选择进行信息传输的设备

        D. 用于指定存储器单元和选择 I/O 设备接口电路的地址

解：选 D。在计算机中，只有主存和 I/O 设备接口的各端口需要专门的地址供 CPU 识别，因此地址总线就是用来指定内存单元或 I/O 设备接口中的端口地址。

    4.4　总线宽度取决于_____。

        A. 控制线的位宽　　　　　　　　　　B. 地址线的位宽

        C. 数据线的位宽　　　　　　　　　　D. 以上位宽之和

解：C。

    4.5　"数据总线进行双向传输"这句话描述了总线的_____。

        A. 物理规范　　　　B. 电气规范　　　　C. 功能规范　　　　D. 时间规范

解：B。电气规范指总线的每一根线上信号的传递方向及有效电平范围、动态转换时间、负载能力等。一般规定送入 CPU 的信号叫输入信号(IN)，从 CPU 发出的信号叫输出信号(OUT)。

    4.6　在系统总线中，地址总线的位数与_____有关。

        A. 机器字长　　　　　　　　　　　　B. 存储单元个数

        C. 存储字长　　　　　　　　　　　　D. 存储器带宽

解：B。

    4.7　同步通信比异步通信具有较高的传输率，这是因为_____。

        A. 同步通信不需要应答信号

        B. 同步通信方式的总线长度较短

        C. 同步通信按一个公共时钟信号进行同步

        D. 同步通信中各部件存取时间较短

解：选 C。此题中 B、D 很明显是错误的。A 和 C 看起来都正确，但实际上 A 中的同步信号不需要应答信号，主要原因是由于在通信中采用了同一公共时钟，因此，归根到底是使同步通信有较高的数据传输率。

    4.8　试说明总线结构对计算机性能的影响。

解：计算机总线是计算机模块间传递信息的通路，在计算机系统中占有十分重要的位置。从结构上讲，总线由两部分组成：母线框架和各部件的插板。总线结构不同，总线具有的性能不同，相应的计算机的性能差别很大。总线有 3 个重要的性能指标：总线的宽度、总线的传输率和总线的负载能力。总线的宽度是指数据总线的数量，传输率是指总线上每秒钟传输的最大字节量。总线越宽，数据传输率越大，则整机的速度就越快。总线的负载能力一般是指可连接的扩增电路板数。总线的负载能力越强，则计算机可配置的外设越多。除此之外，总线的结构越简单(信号线少、可多路复用、控制硬件简单)，计算机的结构也变得相对简单。总线的控制方式越灵活，则用户对计算机就越容易操作。

4.9 某总线共有 88 根信号线,其中数据总线 32 根,地址总线 20 根,控制总线 36 根,总线的工作频率为 66MHz,假定,则总线宽度为_____位,传输速率为_____MB/s。

    A. 32,254   B. 20,254   C. 32,264   D. 20,264

解:C。在并行传输中,若一个总线周期等于一个总线时钟周期,则

$$总线宽度 = 数据线根数 = 32$$
$$传输速率 = 工作频率 \times 总线宽度 = 66 \times 32 \div 8 = 264MB/s$$

4.10 某 64 位总线的传输周期是 10 个时钟周期传输 25 个字的数据块。试计算:

(1) 时钟频率为 100MHz 时总线的数据传输率。

(2) 时钟频率减半后的数据传输率。

解:一个时钟周期中传输的数据量为

$$25 \times 64 \div 8 \div 10 = 20B/s$$

(1) 时钟频率为 100MHz 时,总线的传输率为

$$20 \times 100 = 2000MB/s$$

(2) 时钟频率减半后的数据传输率为 1000MB/s。

4.11 什么是总线的主模块?什么是总线的从模块?

解:连接到总线上的模块中,具有控制总线能力的模块(通常是 CPU 或以 CPU 为中心的逻辑模块)称为主模块。主模块在获得总线控制权后能启动数据信息的传输。与之对应的本身不具备总线控制能力的模块称为从模块,它只能对总线上的数据请求做出响应,被动地发送和接收信息。

4.12 在 3 种集中式总线控制中,_____方式响应时间最快,_____方式对电路故障最敏感。

    A. 链式查询   B. 计数器定时查询   C. 独立请求

解:C,A。在 3 种集中式总线控制中 C(独立请求)方式响应时间最快。每个共享总线的部件均有一对总线请求线和总线应答线,各主设备之间并行工作,仲裁时间较短。A(链式查询)方式对电路的故障最敏感。链式结构决定了如果有一个主设备发生故障,就会影响到其后的其他主设备的总线请求。

4.13 从性能指标上对 AGP 和 PCI 的最新标准进行比较。

解:AGP(Accelerated Graphics Port)是为了提高视频带宽而设计的总线规范。AGP 总线具有如下一些特点。

(1) AGP 总线将视频处理器与系统主存直接相连,避免了经过 PCI 总线造成的系统瓶颈,提高了 3D 图形数据的传输速度。

(2) 系统主存可以与视频芯片共享,在显存不足的情形下,可以调用系统主存用于存储纹理数据。

(3) 使用双重驱动术。采用新的低电压规范,允许在一个 66MHz 的总线时钟内传输一次到两次数据。

(4) CPU 访问系统主存与 AGP 访问显存可以并行进行,显示带宽也不与其他设备共享。

(5) 数据读写采用流水线操作,减少了内存等待时间,有助于提高数据的传输速率。

（6）采用带边信号传输技术，在总线上调制使地址信号与数据信号分离，以提高随机内存访问速率。

PCI(Peripheral Component Interconnect)总线是目前得到最广泛应用的总线。PCI 独立于处理器。它的兼容性和可扩充性好，支持无限读写突发方式，有多级缓冲，支持两种电压标准，有即插即用功能。

4.14　什么是 SCSI 设备？

解：简单地说，SCSI 设备就是使用 SCSI 技术的设备。SCSI(Small Computer System Interface，小型计算机系统接口)是一种智能的通用接口标准。它具有如下特点：

（1）SCSI 接口可以同步或异步传输数据，同步传输速率可以达到 10MB/s，异步传输速率可以达到 1.5MB/s。

（2）SCSI 是多任务接口，设有母线仲裁功能。挂在一个 SCSI 母线上的多个外设可以同时工作。SCSI 上的设备平等占有总线。

（3）SCSI 接口接到外置设备时，它的连接电缆可以长达 6m。

早先，支持 SCSI 接口的外设产品仅有硬盘、磁带机两种，现在已经扩展到扫描仪、光驱、刻录机、MO 等各种设备。

4.15　USB 由哪几部分组成？各有什么功能？

解：USB(Universal Serial Bus，通用串行总线)是一种新型的总线。它使用方便，支持热插拔。可以连接多个不同的设备，而过去的串口和并口只能连接一个设备。

USB 接口的最高传输率可达 12Mb/s，是串口的 100 倍，是并口的十多倍。连接的方式也十分灵活，既可以使用串行连接，也可以使用 USB 集线器独立供电，USB 电源能向低压设备提供 5V 的电源，因此新的设备就不需要专门的交流电源了。USB 支持多媒体，提供了对电话的两路数据支持。USB 可支持异步以及等时数据传输，使电话可与 PC 集成，共享语音邮件及其他特性。

USB 存在的问题是，连接的设备太多时，可能导致一些设备失效。使用高电耗的设备，就会导致供电不足。

在 USB 规范中，要求主控器具有根集线器的功能，为集线器设备与主控器设备之间提供电气接口，进行数据传输。

4.3　自 测 练 习

4.3.1　选择题

1. 在总线接口中，设备状态字寄存器用于存放_____。
   A. CPU 的工作状态　　　　　　　　B. I/O 工作状态
   C. 中断状态　　　　　　　　　　　D. 以上都不对
2. 按传送信息的种类，系统总线分为_____。
   A. 地址线和数据线　　　　　　　　B. 地址线、数据线和控制线
   C. 地址线、数据线和响应线　　　　D. 数据线和控制线

3. 使用总线结构便于增加和减少 I/O 设备,也_____。

    A. 减少了信息传输线的数目   B. 提高了信息传输速度

    C. 减少了信息传输量   D. 以上都对

4. 设计 AGP 总线结构是为了_____。

    A. 传输地址和控制信息   B. 提高视频带宽

    C. 两个总线主设备   D. 以上都不对

5. 数据总线的宽度取决于_____。

    A. 地址位数   B. 计算机的字长

    C. I/O 设备   D. 以上都不对

6. 在微型计算机中,I/O 设备通过_____与主板的系统总线相连接。

    A. 寄存器   B. 控制器   C. 计数器   D. 适配器

7. 计算机采用总线结构是为了_____。

    A. 减少信息的传输量   B. 提高信息的传输速度

    C. 简化传输结构   D. 提高存储器的访问速度

8. 单总线是 CPU 与_____交换数据的共享通道。

    A. 内存   B. 外存   C. I/O 设备   D. 计算机其他部件

9. 双总线是 CPU 与___(1)___和___(2)___交换数据的共享通道,其目的是___(3)___。

(1) A. 内存   B. 外存   C. Input 设备   D. 高速设备

(2) A. Output 设备   B. 外存   C. I/O 设备   D. 高速设备

(3) A. 提高主存速度   B. 提高 CPU 速度

    C. 提高输入设备速度   D. 提高系统效率

10. PCI 总线是_____位总线。

    A. 8   B. 32   C. 16   D. 64

11. PCI 总线与系统时钟无关,它的传输机制是_____。

    A. 串行传输   B. 突发式传输   C. 并行传输   D. 以上都不对

12. 系统总线中控制线的功能是提供_____。

    A. 主存、I/O 设备的控制与响应信号

    B. 主存、I/O 设备的响应信号

    C. 时序信号

    D. 数据

13. 系统总线地址线的功能是_____。

    A. 选择外存单元地址

    B. 选择 I/O 设备

    C. 选择主存地址

    D. 指定主存和 I/O 设备接口的地址

14. 连接两个计算机之间的总线称为_____总线。

    A. 系统   B. 外   C. 通信   D. 内

15. 同步通信比异步通信具有较高的传输频率,这是因为_____。

A. 总线长度短、数量多   B. 不需要应答信号

C. 有同步时钟信号   D. 以上都不对

16. 下面_____是正确的。

    A. 总线由 CPU 控制   B. 接口一定要和总线相连

    C. 通道用来替代接口   D. 以上都不对

17. 在链式查询方式下_____。

    A. 总线设备的优先级相同

    B. 物理位置靠近控制器的设备优先级高

    C. 各设备的优先级可变

    D. 以上都不对

18. 在计数器定时查询方式下(每次计数都从 0 开始),_____。

    A. 设备号小的优先级高   B. 设备号大的优先级高

    C. 设备使用总线机会相等   D. 以上都不对

19. 在计数器定时查询方式下(顺次计数),_____。

    A. 设备号小的优先级高   B. 设备号大的优先级高

    C. 设备使用总线机会相等   D. 以上都不对

20. 设备与设备之间的连接除了使用总线外,也有使用_____的。

    A. 设备线   B. 专用线   C. 网络线   D. 以上都不对

21. PCI 总线能实现外部设备_____。

    A. 互访性   B. 即插即用   C. 可扩性   D. 以上都不对

4.3.2 填空题

1. 总线可分为_____,_____和_____。

2. 总线_____计算机的多个部件,是进行数据传送的_____。

3. 系统总线常用的连接方式可分为 3 种:_____结构、_____结构、_____结构。

4. 采用复用技术在一条信号线上传输信号,使用时必须_____。

5. 计算机系统中按总线所连接的部件的不同,可分为_____、_____、_____ 3 种类型。

6. CPU、内存、I/O 设备之间相互连接的逻辑部件是_____。

7. 连接主机与 I/O 设备之间的逻辑部件是_____。

8. 不同的信号在同一条信号线上传输并分时使用,即称为总线_____技术。

9. 微机的标准总线由 ISA 发展到 64 位,它是_____总线。

10. 总线的协议是_____。

11. CPU 芯片内部的总线是内部总线,也称为_____级总线。

12. 数据只能从总线的一端传输到另一端,不能反向传输,这样的总线称为_____总线。

13. 在计数器定时查询方式下,_____的设备可以使用总线。

14. 串行总线接口应具有_____转换的功能。

15. 主设备可_____,而从设备_____。

16. 总线控制方式可分为_____式和_____式两种。

17. 在异步方式下,总线操作可以通过_____信号相互联系。

18. 单位时间内总线传输数据的能力是一个重要指标,称为_____。

19. 总线的组成包括 3 个部分:_____、_____和_____。

20. 总线的通信方式有_____、_____。

21. 总线的信息传输方式有_____、_____。

22. IEEE 1394 总线是一种_____接口,目前已成为_____的传输标准。

23. 通道工作时可能产生_____、_____中断。

24. 总线的周期是_____。

25. 总线工作频率为 33MHz,宽度为 32b,传输率为_____。

26. 总线上的主模块是指_____,从模块是指_____。

27. 微机有 16 根数据线,总线时钟周期频率为 80MHz,若总线的数据周期为 4 个时钟周期传输一个字,则总线的数据传输速率为_____。

28. _____、_____和_____组成了时序系统。

29. 不同信号可在一条信号线上传输,则称_____,传输到目的站后可以_____。

30. _____总线具有 Plug and Play 功能,即_____。

31. 一个总线传输周期包括_____、_____、_____和_____ 4 个阶段。

32. USB 总线是通用_____总线,其特点为_____、_____和_____。

33. 在异步控制方式中,各个操作采用_____方式协调工作。

4.3.3 简答题

1. 某总线在一个总线周期中并行传送 4B 的数据,假设一个总线周期等于一个总线时钟周期(总线时钟频率为 30MHz),求总线带宽是多少?

2. 简述总线的分类。

3. 简述总线仲裁,总线仲裁有哪几种方式?

4. 简述同步控制和异步控制的区别。

5. 计算机利用总线结构有何优点?

6. 说明总线标准化的重要性。

7. 在异步串行传输中,每秒可传输 30 个数据帧,一个数据帧包含起始位 1 位、数据位 7 位、奇偶校验位 1 位、结束位 1 位。求它的波特率和比特率。

8. 总线的一次请求有几个阶段?

9. 系统总线接口的功能是什么?

10. 比较机器总线仲裁的两种方法,画出简单电路图。

11. 比较总线控制中链式查询、计数器定时查询和独立请求方式的特点。

12. 机器的时钟频率为 100MHz。总线传输周期为 5 个时钟周期可传送 16 位,计算总线的数据传输速率。

13. 在串步传输通信中,一个数据帧含有 1 位起始位、8 位数据位、1 位校验位和 1 位停止位,它的比特率为 320b/s,计算其波特率。

14. 在一个总线周期中并行传输 64B 数据,一个总线周期与一个总线时钟周期相等,为 75MHz,求总线带宽。

15. 在相同速率下传输 8 位数据,异步传输每 8 位要加 1 位起始位、1 位停止位和 1 位校验位,而同步传输时出错率为 1/2,则同步、异步出错率之比为多少?

16. 总线的一次数据传送过程大致分哪几个阶段?

17. 总线为什么要标准化?

18. 总线分几个层次?

19. 简述串行传输和并行传输的特点。

20. 影响总线带宽的主要因素有哪些?

21. 波特率和比特率之间有什么对应关系?

22. 如何在物理层提高总线的性能?

23. 如何在逻辑层提高总线的性能?

4.4 自测练习参考答案

4.4.1 选择题参考答案

1. B   2. B   3. A   4. B   5. B   6. D   7. C   8. D   9. ACD
10. D   11. B   12. A   13. C   14. C   15. C   16. B   17. B   18. A
19. C   20. B   21. B

4.4.2 填空题参考答案

1. 数据总线,地址总线,控制总线

2. 连接,通路

3. 单总线,双总线,三总线

4. 分用

5. 系统,内存,I/O

6. 系统总线

7. I/O 接口

8. 复用

9. PCI

10. 为实现总线数据传输的规则

11. 芯片

12. 单向

13. 设备号与计数值相同

14. 串并行

15. 获得总线控制权,响应主设备控制

16. 集中,分布

17. 应答

18. 数据传输速率

19. 传输线,接口逻辑,总线控制器

20. 同步通信,异步通信

21. 串行传输,并行传输

22. 高效串行,数码影像设备

23. 故障,传输结束

24. 总线一次操作所用的时间

25. 132MB/s

26. 发布控制命令的模块,响应命令的模块

27. 40MB/s

28. 周期,节拍,工作脉冲

29. 复用,分用

30. PCI,即插即用

31. 申请分配,寻找地址,传输数据,传输结束

32. 串行,高速,易扩充,即插即用

33. 应答

4.4.3 简答题参考答案

1. **解**：总线带宽＝4×30＝120MB/s。

2. **解**：总线应用很广,形态多样,从不同的角度可以有不同的分类方法。

(1) 按照总线传递的内容分类：

- 地址总线(Address Bus,AB),用来传递地址信息。
- 数据总线(Data Bus,DB),用来传递数据信息。
- 控制总线(Control Bus,CB),用来传递各种控制信号。

(2) 按照总线所处的位置分类：

- 片内总线：CPU 芯片内部用于寄存器、ALU 以及控制部件之间传输信号的总线。
- 片外总线：CPU 芯片之外用于连接 CPU、内存以及 I/O 设备的总线。

(3) 按照总线在系统中连接的主要部件分类：

- 存储总线。
- DMA 总线。
- 系统总线。
- 设备总线(I/O)总线。

(4) 按照系统中使用的总线数量分类：

- 单总线结构。
- 双总线结构。

- 多总线结构。

（5）其他分类方法：

按数据传送方式，可分为并行传送总线和串行传送总线。

按照并行传送总线传送的数据总宽度，可分为 8 位、16 位、32 位和 64 位总线等。

3. **解**：当多个模块同时需要使用总线时，总线控制机构中的判优和仲裁逻辑则按一定的判优原则来决定哪个模块先使用总线。

总线仲裁方法有集中式（链式查询方式、计时器定时查询方式和独立请求方式）和分布式方法（各种模块可同时请求使用和检测总线的忙闲）。

4. **解**：同步控制中有统一的公共时钟控制信号，而异步控制则没有统一的控制信号。同步控制简单，但时间上有些浪费；异步控制比较复杂，没有时间上的浪费。

5. **解**：

（1）简化硬件结构。面向总线的计算机体系，其 CPU 存储器及 I/O 插件均可连接总线工作，机构清晰、简单。

（2）系统可扩性好。设计时尚留有一些插口，随时可增加插件，其维护也简单。

（3）系统更新性好。各种插件性能提高不影响其他插件。

6. **解**：总线是计算机系统模块化的产物，相同指令系统、相同的功能、不同生产厂商的部件在实现方法不尽相同，为了使相同功能部件可互换替用，要求它们按总线标准来生产。

7. **解**：波特率 $=(1+7+1+1)\times30=30$baud，比特率 $=30\times7=210$b/s。

8. **解**：总线的一次请求大致分 5 个阶段：总线请求、总线裁决、寻找目的地址、信息传输和状态回送。

9. **解**：系统总线连接系统各功能模块及设备，其接口应具有以下功能：

（1）依指令信息控制总线设备操作。

（2）具有数据缓存功能，以协调各模块及设备的速度。

（3）提供设备状态，让 CPU 对设备进行控制。

（4）完成数据转换，如 A/D、串并行转换。

（5）具有程序中断功能，为设备启动、停止和服务。

10. **解**：有集中式控制和分布式控制两种总线仲裁方式，集中式控制逻辑集中在一处，它依靠忙闲、允许总线和总线请求 3 条控制线进行，其优先级按顺序响应，总线数少。集中式控制分链式查询方式、计数器定时查询方式和独立请求方式（图 4.1）；而分布式控制则控制逻辑分布在各个设备中。

11. **解**：链式查询方式是总线允许信号串行地从一个部件（I/O 接口）送到下一个部件，若查询到达的部件没有请求总线，则允许信号继续往下传，直到到达有总线请求部件为止。链式查询中离总线控制器越近的优先级越高。这种方式结构简单，易扩充，但一旦一个设备接口有故障，会严重影响整个总线的正常工作。

计数器定时查询方式通过计时器获得各设备地址线进行总线使用控制。设备优先级可以不固定，控制电路较复杂。

采用独立请求方式时，每一个共享总线的部件均有一对总线请求线和允许线。当部件要使用总线时，便发出请求信号，在总线控制器中排队，其响应时间块电路最复杂。

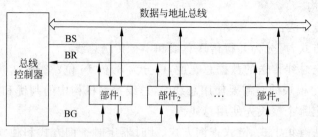

(a) 链式查询

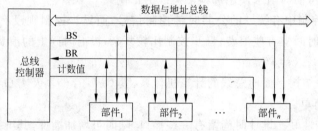

(b) 计数器定时查询

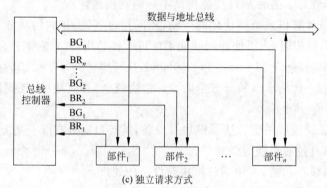

(c) 独立请求方式

图 4.1　总线控制方式

12. **解**：

1 个时钟周期为 $1/100 = 0.01\mu s$。

5 个时钟周期为 $0.01 \times 5 = 0.05\mu s$。

故数据传输速率为 $16 \div 8 \div (0.05 \div 10^6) = 4 \times 10^7 B/s = 40MB/s$。

13. **解**：

每秒传输数据帧数为 $320/8 = 40$。

波特率为 $(1 + 8 + 1 + 1) \times 40 = 440 baud$。

14. **解**：总线带宽为 $64 \times 75 = 4800MB/s$。

15. **解**：异步传输出错率为 $8/(8+1+1+1) = 8/11$，同步传输出错率为 $1/2$，两者之比为 $\dfrac{8}{11} : \dfrac{1}{2} = 16 : 11$。

16. **解**：总线的一次数据传送过程大致为请求总线、总线仲裁、寻找目的地址、传输数据、返回状态。

17. **解**：计算机系统各部件通过总线互连，不同厂商生产的功能部件在实现方法上不尽相同，为了使不同厂家的功能部件能互换，必须制定一个总线标准，要求各厂商按照统一的总线标准来生产。

18. **解**：总线一般分 3 个层次：

（1）芯片级总线：CPU 内部连接各寄存器及运算部件之间的数据通道。

（2）板块级总线：连接主机印刷线路板上 CPU 和主存等部件的总线。

（3）系统级总线：连接系统中的各个功能模块和设备。

19. **解**：串行传输是数据在一条线路上一位一位依次传输。传输线路数少，传输速度慢，可用于长距离的数据传输。

并行传输是每个数据位都有独立的一条传输线，各个数据位同时传输。传输线路多，传输速度快，可用于短距离数据传输。

20. **解**：总线带宽是总线能提供的数据传输速率，即在总线上每秒钟传输信息的字节数。影响总线带宽的主要因素有总线宽度、传输距离、总线发送和接收线路的工作频率、数据传输形式等。

21. **解**：波特率是信息传输中码元的传输速率单位，而比特率是信息量的单位。当一个码元只携带 1b 信息量时，比特率和波特率在数值上相等。

22. **解**：主要是提高总线信号的传输速度，即增加总线宽度、增加传输的数据长度、减少总线长度、降低信号电平、采用差分信号和多条总线。

23. **解**：主要是简化总线传输协议、采用复用技术等。

第5章 控制器逻辑

5.1 知 识 要 点

5.1.1 处理器的外特性——指令系统

指令系统是 CPU 功能的表征和软件开发的基础,也是 CPU 设计的基本依据。

1. 符号语言与汇编语言的概念

1) 数据类型

Intel 8086 汇编语言中允许使用如下形式的数值数据:

- 二进制数据,后缀为 B,如 10101011B。
- 十进制数据,后缀为 D,如 235D。
- 八进制数据,后缀为 Q(本应是 O,为避免与数字 0 相混,用 Q 代),如 235Q。
- 十六进制数据,后缀为 H,如 BAC3H。

2) 运算符

- 算术运算符:＋、－、*、/。
- 关系运算符:EQ(相等)、NE(不相等)、LT(小于)、GT(大于)、LE(小于等于)、GE(大于等于)。
- 逻辑运算符:AND("与")、OR("或")、NOT("非")。

3) 汇编语言指令的一般形式

标号:操作码　地址码(操作数);注释

2. 寻址方式

(1) 立即寻址(immediate addressing)。

(2) 寄存器直接寻址(register addressing)。

(3) 存储器直接寻址。

(4) 存储器间接寻址。

(5) 变址/基址寻址。

(6) 堆栈寻址。

(7) 8086 的段寻址。

3. CPU 中的可编程寄存器

(1) 数据寄存器。

(2) 指针及地址寄存器。

(3) 段寄存器。

(4) 控制寄存器。

- IP（或 PC）——指令指针寄存器（或程序计数器）。
- EFLAGS——状态和标志寄存器，用每一位指示处理器的一种工作状态，以控制处理器的工作。

在 CPU 设计时，要根据指令系统的要求提供充分的寄存器组（寄存器堆）。

4. Intel 8086 指令分类

(1) 数据传送类指令。

- 通用数据传送指令。
- 输入输出指令。
- 地址传送指令。
- 标志传送指令。

(2) 算术运算指令。

(3) 逻辑运算指令。

(4) 移位指令和循环移位指令。

(5) 串操作指令。

(6) 程序控制指令。

- JMP：无条件转移。
- CALL：过程调用指令。
- RET：过程返回指令。

5. 指令系统的设计内容

- 操作类型：决定指令数的多少和操作的难易程度。
- 数据类型：决定操作数的存取方式。
- 寻址方式：寻找操作数和转移地址的方式。
- 寄存器类型及个数。
- 指令格式：包括指令长度和各字段的布局等。

6. CISC 与 RISC

重点掌握以下知识点：

(1) 冯·诺依曼语义差距问题。

(2) 80-20 规律。

(3) RISC 的基本思想。

5.1.2　指令的时序

1. 指令时序的控制方式

(1) 同步控制方式："以时定序"。

（2）异步控制方式："以序定时"。

2. 指令的微操作分析

不同的指令含有不同的微操作，形成不同的指令周期结构。

3. 指令周期的控制

（1）集中控制："统一划齐"的控制方式。
（2）分散的节拍控制："按需分配"控制的方式。
（3）集中/局部混合控制：折中方案，考虑绝大多数指令的需要。

5.1.3 控制器设计

1. 控制器的基本组成

（1）CPU 寄存器组。
（2）操作控制部件。
（3）时序部件，即节拍发生器。

2. 组合逻辑控制器

采用开关理论中时序电路的方法设计微操作控制线路。步骤如下：
（1）分解每条指令，归纳成若干基本操作。
（2）将各微操作落实到指令周期的不同节拍中去，即编排操作时间表。
（3）对全部指令的操作时间表进行综合、分析，求出各相同的微操作产生条件的逻辑表达式，并画出操作控制线路。

3. 微程序控制器

1）微程序控制的基本思想
把一条指令看作是由一个微指令系列组成的微程序。
由于每一条指令所包含的微指令序列是固定的，通常把指令系统存储在专门的 ROM 中，并称之为控制存储器。显然，执行一条指令的关键，是找到它在控制存储器中的入口地址。
2）微程序控制器的组成
• 控制存储器。
• 微指令寄存器和微地址形成电路。
• 指令操作码译码器。

5.2 习题解析

5.1 某机器字长 32 位，指令单字长，地址字段长 12 位，指令系统中没有三地址指令，采用变长操作码。求该计算机中的二地址指令、一地址指令和零地址指令各最多有多少条。

解：根据题意，分析如下：

（1）对于二地址指令，操作码长度为 $32-2\times12=8(b)$，即编码空间为 2^8。由于要使用一个码作为扩展窗口，所以该计算机中的二地址指令最多有 2^8-1 条。

（2）一地址指令最多的情况是指令系统中只有一条二地址指令，并要为零地址指令留下一个扩展窗口。首先可以得到在 OP 字段中给一地址指令留下的扩展窗口为 (2^8-1) 个。故一地址指令编码空间为 $(2^8-1)\times2^{12}$。但还要为零地址指令留下一个扩展窗口，所以最多可以有 $(2^8-1)\times2^{12}-1=2^{80}-2^{12}-1$ 条一地址指令。这个结果表明，一条二地址指令需要"牺牲" 2^{12} 条一地址指令。或者说，少一条二地址指令，就可以增加 2^{12} 条一地址指令。

（3）零地址指令最多的情况是指令系统中只有一条二地址指令和一条一地址指令，其余均为零地址指令。由（2）可知，在只有一条二地址指令的情况下，一地址指令的编码空间为 $(2^8-1)\times2^{12}$。在只有一条一地址指令的情况下，为零地址指令留下的扩展窗口为 $(2^8-1)\times2^{12}-1$。而零地址指令的操作码又在一地址指令留下的扩展窗口基础上扩展了 12b，所以零地址指令的编码空间为 $((2^8-1)\times2^{12}-1)\times2^{12}=2^{32}-2^{24}-12^{12}$。

5.2 某计算机字长 16 位，指令中的地址码长 6 位，有零地址指令、一指令地址和二地址指令 3 种指令。若二地址指令有 K 条，零地址指令有 L 条，则一地址指令最多可以有多少条？

解：设一地址指令最多可以有 X 条，则：

- 二地址指令给一地址指令留下的扩展窗口为 2^4-K。
- 一地址指令给零地址指令留下的扩展窗口为 $(2^4-K)\times2^6-X$。
- 零地址指令的条数为 $L=((2^4-K)\times2^6-X)\times2^6$。

故，$X=2^{10}-K\times2^6-L/2^6$。

$L/2^6$ 带小数时向正 ∞ 舍入。

5.3 指令系统中采用不同寻址方式的主要目的是_____。

    A. 实现程序控制和快速查找存储器地址

    B. 可以直接访问主存和外存

    C. 缩短指令长度，扩大寻址空间，提高编程的灵活性

    D. 降低指令译码难度

解：选 C。

对 A，程序控制是由控制器中的地址指示器来完成的，增加了寻址方式会降低查找存储器地址的速度。

对 B，无论有无多种寻址方式，CPU 均能直接访问主存，绝对不能直接访问外存。

对 D，指令译码难度与操作数的个数、寻址方式及指令的长度有关，但寻址方式越多，译码就越复杂，因而不会降低译码的难度。

5.4 某计算机指令格式如下：

θ	λ	D

其中 θ 为操作码，代表如下一些操作：

- LDA：由存储器取数据到累加器 A。
- LDD：由累加器 A 送数据到存储器。
- ADD：累加器内容与存储器内容相加,把结果送到累加器。

λ 为寻址方式,代表如下一些寻址方式：

- L：立即寻址方式。
- Z：直接寻址方式。
- B：变址寻址方式。
- J：间址寻址方式。

D 为形式地址,变址寄存器内容为 0005H。

今有程序：

```
LDA    BJ    0005H
ADD    JB    0006H
ADD    L     0007H
LDD    J     0008H
ADD    Z     0007H
LDD    B     0006H
```

请把上述程序执行后存储器各单元的内容填入表 5.1 中。

表 5.1　程序执行后存储器各单元的内容

地　址	存储器单元内容		
	程序执行前	程序执行后	
	十六进制	十六进制	十进制

解：执行第 1 条指令,寻址方式为变址间址方式,操作数地址＝(变址寄存器＋偏移地址)＝(0005H＋0005H)＝(0AH)＝08H。把 08H 单元的内容取到累加器 A 中,即 A 存放了 06H。

执行第 2 条指令,寻址方式为间址变址方式,操作数地址＝(偏移地址)十(变址寄存器)＝(0006H)＋0005H＝0004H＋0005H＝0009H,操作数则为 09H 单元的内容。该指令把累加器 A 的内容与 09H 单元的内容相加得到 0DH,并把结果存入累加器 A 中。

执行第 3 条指令,寻址方式为立即寻址,即指令中给出的就是操作数,该指令把累加器 A 的内容加上数 0007H,得到 14H,并把结果存入累加器 A 中。

执行第 4 条指令,寻址方式为间接寻址,指令中给出的偏移量是操作数地址的地址,即:操作数地址＝(0008H)＝06H,该指令把累加器的内容传送到 06H 单元中,(06H)＝14H。

执行第 5 条指令,寻址方式为直接寻址,指令中给出的是操作数的地址 0007H,该指令把累加器 A 的内容与 007H 单元的内容相加,得到 19H,并把结果存入累加器 A 中。

执行第 6 条指令,寻址方式为变址寻址,操作数地址＝(变址寄存器)＋偏移量＝0005H＋0006H＝000BH,该指令把累加器 A 的内容传送到 000BH 单元中,(000BH)＝19H。

上述指令中只有两条指令涉及存储器写操作,也就是只有两个单元的内容有变化,最后结果见表 5.2。

表 5.2　程序执行后存储器各单元的内容

地　址	存储器单元内容		
	程序执行前	程序执行后	
	十六进制	十六进制	十进制
0004H	02H	02H	02
0005H	03H	03H	03
0006H	04H	04H	04
0007H	05H	05H	05
0008H	06H	06H	06
0009H	07H	07H	07
000AH	08H	08H	08
000BH	09H	09H	09
000CH	0AH	0AH	10
000DH	0BH	0BH	11
000EH	0CH	0CH	12
000FH	0DH	0DH	13

5.5　在 8086 中,对于物理地址 2014CH 来说,如果段起始地址为 20000H,则偏移量应为多少?

解:在 8086 中,物理地址＝段起始地址＋偏移量,因此偏移量＝物理地址－段起始地址＝2014H－20000H＝014CH。

5.6　在 8086 中,SP 的初值为 2000H,AX＝3000H,BX＝000H。试问:

(1) 执行指令 PUSH AX 后,SP 值为多少?

（2）再执行指令 PUSH BX 及 POP AX 后，SP 值为多少？BX 值为多少？请画出堆栈变化示意图。

解：

（1）在 8086 中，堆栈的指针是向下增大的，即栈底地址是高地址，栈顶地址为低地址。因此在数据压入堆栈后，栈顶指针减小，本指令压入的是 16 位二进制数，SP＝2000－2＝1FFE。

（2）执行 PUSH BX 及 POP AX 后，栈顶指针先 －2 后＋2，SP＝1FFE，BX 寄存器内容无变化，BX＝5000。堆栈变化示意图如图 5.1 所示。

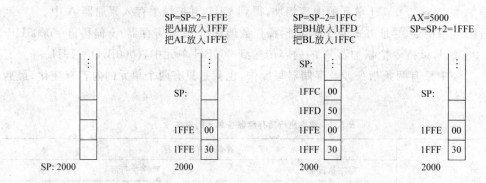

图 5.1 堆栈变化

5.7 指出下列 8086 指令中源操作数和目的操作数的寻址方式。

（1）PUSH AX

（2）XCHG BX,[BP+SI]

（3）MOV CX,03F5H

（4）LDS SI,[BX]

（5）LEA BX,[BX+SI]

（6）MOV AX,[BX+SI+0123H]

（7）MOV CX,ES:[BX][SI]

（8）MOV [SI],AX

解：

（1）操作数为寄存器寻址方式。

（2）源操作数为基址变址寻址方式，目的操作数为寄存器寻址方式。

（3）源操作数为立即寻址方式，目的操作数为寄存器寻址方式。

（4）源操作数为寄存器间接寻址方式，目的操作数为寄存器寻址方式。

（5）源操作数为基址变址寻址方式，目的操作数为寄存器寻址方式。

（6）源操作数为基址变址寻址方式，目的操作数为寄存器寻址方式。

（7）源操作数为基址变址寻址方式，目的操作数为寄存器寻址方式。

（8）源操作数为寄存器间接寻址方式，目的操作数为基址变址寻址方式。

5.8 指出下列 8086 指令中有关转移地址的寻址方式。

（1）JMP WORD PTR[BX][SI]

（2）JMP SHORT SUB1

（3）JMP DWORD PTR [BX+SI]

解:

(1) 段内间接转移,寻址方式为基址变址寻址方式。PTR 是属性操作码。

(2) 段内直接短转移,寻址方式为存储器直接寻址方式。

(3) 段间间接转移,寻址方式为基址变址寻址方式。

5.9　在 8086 中,给定(BX)=362AH,(SI)=7B9CH,偏移量 D=3C25H,试确定在以下各种寻址方式下的有效地址是什么。

(1) 立即寻址。

(2) 直接寻址。

(3) 使用 BX 的寄存器寻址。

(4) 使用 BX 的间接寻址。

(5) 基址变址寻址。

(6) 相对基址变址寻址。

解:

(1) 在立即寻址方式中,指令中给出的 D 就是操作数。也可以说本条指令的地址就是操作数地址。

(2) 在直接寻址方式中,指令中给出的 D 是操作数的有效地址,EA=3C25H。

(3) 使用 BX 的寄存器直接寻址,有效地址就是指令中给出的寄存器号,即 BX 中存放的是操作数。EA=BX。

(4) 使用 BX 的寄存器间接寻址,有效地址是寄存器中存放的数据。EA=(BX)=362AH。

(5) 用基址变址寻址,有效地址 EA=(BX)+(SI)=362AH+7B9C=B1C6H。

(6) 相对基址寻址方式,有效地址 EA=(BX)+(SI)+D=362AH+7B9CH+3C25H=EDEBH。

5.10　有一个主频为 25MHz 的微处理器,平均每条指令的执行时间为两个机器周期,每个机器周期由两个时钟脉冲组成。

(1) 假定存储器为零等待,请计算机器速度(每秒钟执行的机器指令条数)。

(2) 假如存储器速度较慢,每两个机器周期中有一个访问存储器周期,需插入两个时钟的等待时间,请计算机器速度。

解:

(1) 存储器为零等待是假设在访问存储器时存储周期等于机器周期,此时,机器周期=主振周期×2(一个机器周期由两个时钟脉冲组成):

$$1 \div (25 \times 10^6) \times 2 \times 10^6 = 0.08(\mu s)$$

指令周期为 2 × 机器周期=0.16μs。

机器平均速度为 1/0.16 ≈ 6.25(MIPS)。

(2) 若每两个机器周期有一个是访存周期,则需要插入两个时钟的等待时间。

指令周期为 0.16+0.08=0.24(μs)。

机器的平均速度为 1/0.24 ≈ 4.2(MIPS)。

5.11　控制器有哪几种控制方式? 各有什么特点?

解：控制器有 3 种控制方式：同步控制、异步控制和联合控制。

同步控制方式是指任何指令的运行或指令中每个微操作的执行，都由确定的具有基准时标的时序信号所控制。时序信号的结束就意味着安排的工作已经结束。同步控制要求知道每一个微操作序列的长度和微操作的时间，控制线路集中并且简单。异步控制不仅考虑微操作序列的长短，还要考虑每个微操作的繁简，微操作的时序是由专用的应答线路控制的，即控制器发出某一微操作控制信号后，等待执行部件完成该操作后发回的"回答"或"终止"信号，才开始下一个微操作。控制线路分散并且复杂。联合控制方式是以上两种方式的结合，对不同指令的不同微操作序列及其中的每个微操作实行部分统一、部分区别对待的方法，把各种指令的不同微操作序列中那些可以公用的部分安排在一个具有固定周期节拍和严格时钟同步的时序信号下执行，把难于公用的微操作用异步控制通过应答方式与公用部分连接起来。

5.12 什么是数据寻址？什么是指令寻址？

解：数据寻址是寻找操作数地址的方法，指令寻址是在主存中找到将要执行的指令地址。

5.13 RISC 思想主要基于_____。

    A. 减少指令的平均执行周期数　　　　　　B. 减少硬件的复杂度

    C. 便于编译器编译　　　　　　　　　　　D. 减少指令的复杂度

解：B。

5.14 下列关于 RISC 的说法中，错误的是_____。

    A. RISC 的指令条数比 CISC 少

    B. RISC 的指令平均字长比 CISC 指令的平均字长短

    C. 对于大多数计算任务来说，RISC 程序所用的指令比 CISC 程序少

    D. RISC 和 CISC 都在发展

解：B。

5.15 试说明机器指令和微指令的关系。

解：一条机器指令在执行时，需要计算机做很多微操作。在微操作控制器中，一条机器指令需要由一组微指令组成的微程序来完成。因此一条指令对应多条微指令，而一条微指令可为多个机器指令服务。

5.16 微程序控制器中机器指令与微指令的关系是_____。

    A. 每一条机器指令由一条微指令来执行

    B. 每一条机器指令由一段用微指令编成的微程序来解释执行

    C. 一段机器指令组成的程序可由一条微指令来执行

    D. 一条微指令由若干条机器指令组成

解：选 B。原因参见 16 题答案。

5.17 微程序控制器主要由_____、_____、_____ 3 大部分组成，其中_____是只读型存储器，用来存放_____。

解：控制存储器，微指令寄存器，微地址形成及译码部件，控制存储器，微程序。

5.18 设有一台模型机能够执行表 5.3 所列的 7 条指令。

试用微程序方法设计该模型机的操作控制器，并画出该模型机的微程序控制逻辑框图。

解：第一步，设计其指令操作的流程图，如图 5.2 所示。

表 5.3　一台模型机的指令

指令助记符	指令功能及操作内容
LDA X	(X)→AC,存储单元 X 的内容送累加器 AC
STA X	(AC)→X,累加器 AC 的内容送存储单元 X
ADD X	(AC)+(X)→AC,AC 的内容与 X 的内容(补码)加,结果送 AC
AND X	(AC)∧(X)→AC,AC 的内容与 X 的内容逻辑与,结果送 AC
JMP X	(X)→IP,无条件转移
JMP Z	如果 AC=0,则(X)→IP,无条件转移
COM	(AC)→AC,累加器内容求反

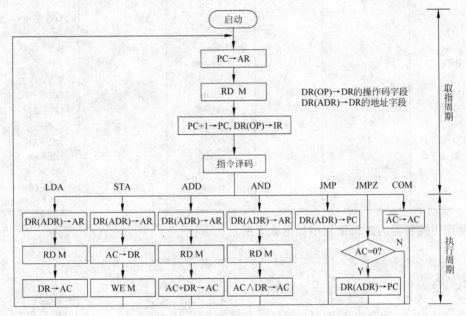

图 5.2　模拟机指令操作流程图

使用的微操作如下:

```
1    IP→AR
2    RD
3    PC+1→PC
4    DR(OP)→IR
5    DR(OP)→MPC
6    DR→AC
7    AC→DR
8    WEM
9    AC+DR→AC
10   AC∧AR→AC
11   AC→AC
12   DR(ADR)→PC
13   无操作
14   DR(ADR)→AR
```

第二步,综合各种微指令格式。由上一步可知,共需 14 种微操作。

第三步,设计微指令格式。由于微操作数目不多,为简便起见,采用水平指令格式,后继微指令地址在指令中给出。根据微操作个数和微指令的条数,指令长度为 $14+4=18$ 位长。对上述微操作设计后,形成微程序(见表 5.4)。

表 5.4 7 条指令的微程序

微程序入口地址	微指令地址(八进制)	状态条件	微指令码(八进制)		执行的操作
			命令字段	后继地址	
	00		30000	01	PC→AR,RD
	01		04000	02	PC+1→PC
	02		02000	03	DR(OP)→IR
	03		01001		DR(OP)→MPC
					DR(ADR)→AR
LDA	04		10000	13	RD
STA	05		00200	14	AC→DR
ADD	06		10000	15	RD
AND	07		10000	16	RD
JMP	10		00004	00	DR(ADR)→PC
JMPZ	11	$C_Z=0$	00004	00	DR(ADR)→PC
		$C_Z\neq0$	00002	00	无操作
COM	12		00010	00	$\overline{AC}$→AC
	13		00400	00	DR→AC
	14		00100	00	WEM
	15		00040	00	AC+DR→AC
	16		00020	00	AC∧DR→AC

微程序控制器的逻辑结构图如图 5.3 所示。

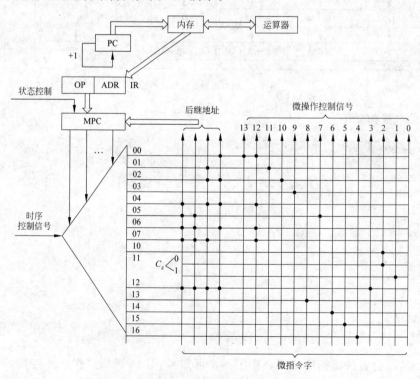

图 5.3 模拟机微程序控制器逻辑结构图

5.3 自测练习

5.3.1 选择题

1. Intel 80486 是指_____处理器。
   A. 8 位　　　　　　B. 32 位　　　　　C. 16 位　　　　　D. 64 位

2. 进栈指令使用_____。
   A. MOV　　　　　　B. IN　　　　　　　C. PUSH　　　　　D. POP

3. 循环程序常用_____寄存器。
   A. CX　　　　　　　B. BX　　　　　　　C. AX　　　　　　D. CF

4. 调用子程序可使用_____。
   A. ASSUME　　　　B. CALL　　　　　C. PROC…ENDP　　D. SUB

5. 使用补码表示一个带符号 n 位整数,它的范围为_____。
   A. -2^n-2^n
   B. $-2^{n-1}-2^{n-1}-1$
   C. $-2^{n-1}-2^n$
   D. -2^n-2^n-1

6. 操作时间最短代码的代码是_____。
   A. MOV AX,00H
   B. MOV AX,CX
   C. MOV AX,[BX=1]
   D. MOV AX,[0002H]

7. 程序中的直接转移指令是把转移地址送入_____。
   A. 累加器　　　　B. 指令计数器　　　C. 地址译码器　　　D. 存储器

8. 时序电路的主要作用是_____。
   A. 给出时钟信号　　　　　　　B. 给出控制信号
   C. 给出机器各种时间顺序信号　D. 给出执行指令时的地址信号

9. 在 CPU 中存放指令后继指令地址的寄存器是_____。
   A. 主存地址寄存器　　　　　　B. 指令寄存器
   C. 状态条件寄存器　　　　　　D. 程序计数器

10. 下面关于指令系统采用不同寻址方式的主要目的的论述中错误的是_____。
    A. 缩短指令长度　　　　　　　B. 扩大寻址空间
    C. 实现程序存储控制　　　　　D. 提高编程灵活性

11. 微程序存放在_____中。
    A. 控制存储器　　B. RAM　　　　　C. ROM　　　　　D. 指令寄存器

12. 在微程序控制中,机器指令与微指令的关系是_____。
    A. 一条机器指令由一条微指令组成
    B. 一条微指令由若干条机器指令由组成
    C. 一条机器指令由一段微指令组成的微程序解释执行
    D. 一段微程序由一条机器指令执行

13. 中断服务程序的最后一条指令是_____。

    A. 转移指令   B. 出栈指令   C. 中断返回指令   D. 关中断

14. 中断周期的中断隐指令用于完成保护断点、寻址入口地址和_____。

    A. 开多重中断   B. 关中断   C. 出栈   D. 入栈

15. 下列叙述中正确的是_____。

    A. 程序中断方式和 DMA 方式实现数据传输都需要中断请求

    B. 程序中断方式有中断请求,DMA 方式没有中断请求

    C. 程序中断方式和 DMA 方式都有中断请求,但目的不同

    D. 由于是并行工作,在 DMA 方式期间 CPU 仍然可以运行一个完整指令周期的系列操作

5.3.2　填空题

1. 微指令控制方式根据控制方式可分为_____和_____两种。

2. 半加法器和全加法器的区别是_____。

3. 主机由_____组成。

4. 执行下列程序后,AX=_____。

```
      MOV  AX, 00H
      MOV  CX, 05H
NEXT: ADD  AX, CX
LOOP NEXT                 ;CX=CX-1,CX<>0,则转 NEXT
```

5. 采用流水线的机器可以处理_____,以实现_____工作方式。

6. 在任何指令周期中第一步都是_____。

7. 在指令周期中是否有间址周期应由_____决定。

8. 指令周期是_____。

9. 指令周期包括_____、_____和_____。

10. 控制器的设计可分为两大类,即_____和_____。

11. 伪指令 DW? 用来定义_____。

12. _____、_____和_____组成计算机的三层指令。

13. 程序和数据存储在存储器中,只有在执行程序时由_____来识别。

14. 地址码的位数决定了可以直接访问存储器的容量大小,当地址码为 10 位二进制时,可访问内存容量是_____;20 位是_____;30 位时是_____。

15. 运算器能完成_____和_____两种运算。

16. CPU 的基本功能为_____。

17. 在单总线结构计算机中访问主存与外围设备时采用_____。

18. 只有计算机的_____才能识别寄存器中的数据是值还是地址。

19. 由统一时序信号控制的方式是_____。

20. CPU 从主存取出一条指令的时间加上执行这条指令的时间称为_____。

5.3.3 简答题

1. 比较水平、垂直两种微指令控制方式。

2. 假定(BX)＝637DH,(SI)＝2A9BH,位移量 D＝3237H,试确定在以下各种寻址方式下的有效地址是什么。

(1) 立即寻址。

(2) 直接寻址。

(3) 使用 BX 的寄存器寻址。

(4) 使用 BX 的间接寻址。

(5) 使用 BX 的寄存器相对寻址。

(6) 基址变址寻址。

(7) 相对基址变址寻址。

3. 执行寄存器寻址指令 MOV DX,AX 和寄存器间接寻址指令 MOV AX,[SI],设(DS)＝1000H,(SI)＝100H,(1100H)＝1234H,请表示物理地址及其内容。

4. 要想完成把[2000H]送[1000H]中,用指令 MOV [1000H],[2000H]是否正确? 如果不正确,应该用什么方法?

5. 假如想从 200 中减去 AL 中的内容,用 SUB 200,AL 是否正确? 如果不正确,应该用什么方法?

6. MOV [200H],[100H]是否正确?

7. MOV [200H],100H 是否正确?

8. 比较组合逻辑控制和微程序控制。

5.4 自测练习参考答案

5.4.1 选择题参考答案

1. D　2. C　3. A　4. B　5. B　6. B　7. B　8. C　9. D
10. C　11. A　12. C　13. C　14. B　15. C

5.4.2 填空题参考答案

1. 水平型,垂直型
2. 半加法器考虑低位向高位进位后称全加法器
3. CPU 和存储器
4. 15
5. 指令流水执行,并行
6. 取指令周期
7. 指令中的寻址方式
8. CPU 从主存取指令和执行指令的时间

9. 取指令,分析指令,执行指令

10. 微程序设计,组合逻辑设计

11. 字变量

12. 微指令,机器指令,宏指令

13. 控制器

14. 1KB,1MB,1GB

15. 算术,逻辑

16. 程序控制、操作控制、时间控制和数据处理

17. 异步控制

18. 指令

19. 同步控制

20. 指令周期

5.4.3 简答题参考答案

1. **解**:水平型微指令的微操作码的位数等于全机所需要的位号个数,一次可以完成多种操作。垂直型微指令与机器指令很相似,每条指令只能对少量微操作进行控制,并行能力差,微程序长度长,执行速度慢,但微指令码较短。

在实际应用中多是水平与垂直型两种方法相结合。

2. **解**:

(1) 立即数寻址的有效地址是当前 IP 的内容。

(2) 直接寻址,若使用位移量 D=3237H 进行,则有效地址为 3237H。

(3) 使用 BX 的寄存器寻址时,操作数在 BX 寄存器中,因此无有效地址。

(4) 使用 BX 的间接寻址时,有效地址在 BX 寄存器中,即有效地址=637DH。

(5) 使用 BX 的寄存器相对寻址的有效地址=(BX)+D=637DH+3237H=95B4H。

(6) 基址变址寻址的有效地址=(BX)+(SI)=637DH+2A9BH=8E18H。

(7) 相对基址变址寻址的有效地址=(BX)+(SI)+D=C050H。

3. **解**:物理地址为 $100H \times 2^4 + 100H = 11000H$,(1100H)→AX,(AX)=1234H。

4. **解**:把[2000H]送[1000H]中,用指令 MOV[1000H],[2000H]不正确,应改为 MOV AX,[2000H] MOV[1000H],AX。

5. **解**:想从 200 中减去 AL 中的内容,用 SUB 200,AL 不正确,应改为 MOV BL,200 SUB BL,AL。

6. **解**:不正确,因为 MOV 指令不允许在两个内存单元之间传送数据。

7. **解**:不正确,因为目的操作数不允许为立即数。

8. **解**:组合逻辑控制部件也称硬布线操作控制部件,它的基本思想是:把每一条指令都看成是一系列分配在不同节拍中的脉冲信号,分别去驱动不同的部件完成不同的操作。因此,其实现方法是:首先,分析每条指令所包含的微操作,并对整个指令系统的微操作进行整合,形成整个指令系统的基本微操作;然后,设计每个微操作的逻辑电路,也进行整合,形成整个指令系统的微操作所需的脉冲信号发生电路;最后,用指令码作为触发信号,并根

据该指令的需要将脉冲信号分配在所需要的节拍中。这种方式直接由逻辑电路产生微命令脉冲信号,速度很快;其缺点是不易修改,难以扩展,加上各指令要求不一致,设计难于自动化。

程序控制方式的基本思想是:把每条指令看成是由微操作组成的微程序。实现方法是:把组成指令系统的所有微程序存放在微程序存储器中,再用一个微控制器控制对于这个微程序存储器的读取,按照取微指令—分析微指令—执行微指令的过程循环工作。这种设计的效率高,易于修改和扩展,结构规整简洁可靠;其缺点是产生微命令速度慢,难以发挥数据通路具有的并行能力。

第6章 处理器架构

6.1 知 识 要 点

计算机系统结构的发展主要是在元器件技术和体系结构上不断向前推进的。

6.1.1 指令级并行技术

1. 流水线技术

采用流水线,能使各操作部件同时对不同的指令进行加工,提高了机器的工作效率。从另一方面讲,当处理器可以分解为 m 个部件时,便可以每隔 $1/m$ 个指令周期解释一条指令,加快了程序的执行速度。注意,这里说的是"加快了程序的执行速度",而不是"加快了指令的解释速度",因为就一条指令而言,其解释速度并没有加快。

流水线分为如下两种。

(1) 指令流水线。

(2) 运算流水线。

2. 访存冲突

重叠流水方式要求 CPU 能同时访问主存中的两个单元。为了实现重叠解释,应在硬件结构上采取如下措施:

(1) 设置两个独立编址的主存储器,分别存放操作数和指令。

(2) 采用多体交叉存储结构,使两条相邻指令的操作数不在同一存储体内。

(3) 采用指令预取技术,即指令缓冲技术。

3. 相关处理

1) 控制相关

当一条指令要等前一条(或几条)指令作出转移方向的决定后才能开始进入流水线时,便发生控制相关。

2) 数据相关

数据相关发生在几条相近的指令间共用同一个存储单元或寄存器时。它们的发生与流水线的控制方式有关。根据控制方式,可以分为如下两种流水线。

- 顺序流动流水线
- 非顺序流动流水线

4. 流水线中的多发射技术

1）超标量技术

超标量（super scalar）技术是指可以在每个时钟周期内同时并发多条独立指令，即以并行操作方式对两条或两条以上指令进行编译并执行之。

2）超流水线技术

超流水线（super pipe lining）技术是将一些流水线寄存器插入到流水线段中，通过对流水管道的再分，使每段的长度近似相等，以便现有的硬件在每个周期内使用多次，或者说使每个超流水线段都以数倍于基本时钟频率的速度运行。

3）超长指令字技术

超长指令字（Very Long Instruction Word，VLIW）和超标量技术都是采用多条指令在多处理部件中并行处理的体系结构，以便能在一个机器周期内流出多条指令。

5. RISC 处理器的体系结构

（1）重叠寄存器窗口。

每个窗口内的寄存器分为如下 3 类：

- 参数寄存器——用以与上一级（调用本过程的过程）交换参数。
- 本地寄存器——本过程自用。
- 暂存寄存器——用以与下一级（本过程调用的过程）交换参数。

（2）采用 Cache。

（3）超标量结构。

（4）RISC 编译系统。

6.1.2 向量处理机

1. 向量计算

1）标量与向量
- 标量是具有独立逻辑意义的最小数据单位，它可以是一个浮点数、定点数、逻辑量或字符，如一个年龄、一个性别等。以标量为对象的运算称标量运算。
- 向量中的各标量元素之间存在着顺序关系，如

$$a = (a_0, a_1, a_2, \cdots, a_{n-1})$$

2）向量处理机的两种典型结构
- 阵列结构：采用多处理结构。
- 流水结构。

2. 向量的流水处理

向量元素主要是浮点数，而浮点数的运算比较复杂，需要经过多个节拍才能完成，所以目前绝大多数向量计算机都采用流水线结构。

3. 向量计算机中的存储结构

- 用多个独立存储模块，支持相对独立的数据并发访问。
- 构造一个具有要求带宽的高速中间存储器。

4. 向量计算机中的并行技术

- 多个功能部件。
- 运算流水线。
- 链接技术：把一个流水线功能部件的输出结果直接输入到另一流水线功能部件的操作数寄存器中去，中间结果不存入存储器。

6.1.3 线程级并行技术

1. 线程级并行技术的概念

线程级并行(Thread-Level Parallelism,TLP)是基于 CPU 资源管理和调度的并行技术，其目的是实现线程级的并行性，使 CPU 同时执行多个线程，以充分利用 CPU 的所有资源。

2. 线程级并行技术实现的基本途径

(1) 多处理器系统(Multi-Processor System,MPS)。
(2) 多线程技术，即一个处理器可以当多个处理器使用。

6.1.4 超线程技术

Intel 的超级线程技术(Hyper-Threading,HT)是同步多线程技术(SMT)的一种形式。它的主要特点是把资源管理的思想引入到处理器的设计中。它把一个处理器的工作看作由两部分组成：一部分用于进行加、乘、负载等操作，称为"处理器执行资源"，包括处理器核心和高速缓存；另一部分用于跟踪资源的分派和调度(跟踪程序或线程的流动)，称为"体系架构状态"。

6.1.5 多核处理器

CMP 是在充分吸收了超线程、超标量和多处理器等技术的优势，避免它们的不足的基础上发展起来的，有如下一些主要优点。

(1) 在同等工艺条件下，可以获得更高的主频。

(2) 低功耗。通过动态调节电压/频率，实行负载优化分布等措施，可以有效降低功耗。

(3) 采用成熟的单核处理器为核，可以缩短设计、验证周期，节省研发费用，并更容易扩充。

(4) 多核处理器是单枚芯片，能够直接插入单一的处理器插槽中，使得现有系统升级容易。

(5) 由于每个微处理器核心实质上都是一个相对简单的单线程微处理器或者比较简单的多线程微处理器，操作系统就可以把多个程序的指令或一个程序的多个线程分别发送给各核心，因而具有了较高的线程级并行性，从而使得同时完成多个程序的速度大大加快。

（6）多核架构能够使软件更出色地运行，并创建一个促进未来的软件编写更趋完善的架构。

6.1.6 处理器并行技术小结

1. 并行与并发

并行性包含同时性（simultaneity）和并发性（concurrency）两个方面。前者是指两个或多个事件在同一时刻发生。后者是指两个或多个事件在同一时间间隔内发生。

2. 计算机并行性开发的技术对策

1）时间重叠

时间重叠是多个处理过程在时间上相互错开，轮流、重叠地使用同一套硬件设备的各个部分，以提高硬件的利用率而赢得高速度，获得较高的性能价格比。

2）资源重复

资源重复是通过重复地设置硬件资源以大幅度提高计算机系统的性能，是一种"以多取胜"的方法。

3）资源共享

资源共享是多个用户之间可以互相使用另一方的资源（硬件、软件、数据），以提高计算机设备的利用率。

3. Flynn 分类法

1）基本概念

指令流：机器执行的指令序列。

数据流：由指令流调用的数据序列（包括输入数据和中间结果）。

多倍性：在系统受限制的元件上处于同一执行阶段的指令或数据的最大可能个数。

2）计算机系统的 Flynn 分类

按指令流和数据流分别具有的多倍性，可将计算机系统分为下列 4 类：

- SISD——单指令流单数据流系统。
- SIMD——单指令流多数据流系统。
- MISD——多指令流单数据流系统。
- MIMD——多指令流多数据流系统。

6.2 习题解析

6.1 简述指令流水线。

解：若机器的指令分为取指令、指令译码、执行指令和回写 4 个步骤，即称 4 级流水，那么改变指令按顺序串行执行的规则，使机器在执行上一条指令的，同时取出下一条指，这样 4 级流水可并行执行，加快了指令的执行速度。

6.2 4 级流水线需要的时间分别为 100ns、90ns、70ns 和 50ns，则流水线的操作周期时间为多少?

解:应按各级最大时间作为操作周期,即 100ns。若相邻两条指令有数据相关,则暂停下一条指令,等待上一条指令执行完毕,获得相关数据时再执行,即推迟 200ns。

6.3 指令流水线技术为什么优于非流水线技术?

解:若指令是 4 级流水线,则 $n(n>1)$ 个任务的机器需要 $4+(n-1)$ 个操作周期,而非流水线机器则需要 $4n$ 个操作周期,$4+(n+1)/4n<1$。

6.4 在高速计算机中广泛采用流水线技术。例如,可以将指令执行分成取指令、分析指令和执行指令 3 个阶段,不同指令的不同阶段可以 __(1)__ 执行;各阶段的执行时间最好 __(2)__;否则在流水线运行时,每个阶段的执行时间应取 __(3)__ 。

可供选择的答案:

(1) A. 顺序   B. 重叠   C. 循环   D. 并行

(2) A. 为 0   B. 为 1 个周期   C. 相等   D. 不等

(3) A. 3 个执行阶段时间之和   B. 3 个阶段执行时间的平均值

     C. 3 个阶段执行时间的最小值   D. 3 个阶段执行时间的最大值

解:(1) D;(2) C;(3) D。

6.5 假设一条指令按取指、分析和执行 3 步解释执行,每步相应的执行时间分别为 $T_{取}$、$T_{分}$、$T_{执}$,分别计算下列几种情况下执行完 100 条指令所需的时间(见图 6.1):

(a) 第 K 条指令的执行与第 $K+1$ 条指令的取指相重叠时指令执行的情况

(b) 第 K 条指令的执行与第 $K+1$ 条指令的分析及第 $K+2$ 条指令的取指相重叠时指令执行的情况

图 6.1 指令重叠

（1）顺序方式。

（2）仅第 $K+1$ 条指令取指与第 K 条指令执行重叠。

（3）仅第 $K+2$ 条指令取指、第 $K+1$ 条指令分析、第 K 条指令执行重叠。

若 $T_{取}=T_{分}=2,T_{执}=1$，计算上述结果。若 $T_{取}=T_{执}=5,T_{分}=2$，再计算上述结果。

解：

（1）顺序方式下执行 100 条指令需要的时间为 $100\times(T_{取}+T_{分}+T_{执})$。

（2）第 K 条指令执行与第 $K+1$ 条指令取指重叠，如图 6.1(a)所示，执行 100 条指令需要的时间为 $1\times(T_{取}+T_{分}+T_{执})+99\times(T_{分}+\mathrm{MAX}(T_{取},T_{执}))$。

第 K 条指令执行、第 $K+1$ 条指令分析和第 $K+2$ 条指令取指重叠，如图 6.1(b)所示，执行 100 条指令需要的时间为

$T_{取}+\mathrm{MAX}(T_{取}+T_{分})+98\times\mathrm{MAX}(T_{取}+T_{分}+T_{执})+\mathrm{MAX}(T_{分}+T_{执})+T_{执}$

若 $T_{取}=T_{分}=2,T_{执}=1$，则：

顺序方式：$100\times5=500$。

1 次重叠方式：$5+99\times(2+2)=401$。

2 次重叠方式：$99\times2+2+2+2+2=206$。

若 $T_{取}=T_{执}=5,T_{分}=2$，则：

顺序方式为：$100\times12=1200$。

1 次重叠方式：$12+99\times(2+5)=705$。

2 次重叠方式：$99\times5+5+5+5+5=515$。

6.6 一次重叠与流水有何区别？

解：一次重叠和流水在概念上密切相关，其主要区别在于：一次重叠把一条指令解释的过程分解为两个过程，而流水则把指令的解释分解为更多的子过程；一次重叠可同时解释两条指令，而流水则可解释多条指令；一次重叠是流水的特例。

6.7 访存冲突如何解决？

解："取指令"与"执行指令"都要访问主存，一个要取指令，另一个要取操作数。所以重叠流水方式要求 CPU 能同时访问主存中的两个单元。这对一般将操作数和指令混合存储在同一主存中的机器来说是难以实现的。为了实现重叠解释，应在硬件结构上采取措施。通常有如下一些方法。

（1）设置两个独立编址的主存储器，分别存放操作数和指令，以免取指令与取操作数同时进行时互相冲突。

（2）采用多体交叉存储结构，使两条相邻指令的操作数不在同一存储体内。这时指令和操作数虽然还存在同一主存内，但可以利用多体存储器在同一存储周期内取出一条指令和另一指令所需的操作数实现时间上的重叠。

（3）指令预取技术也称指令缓冲技术，如 8086 CPU 中设置了指令队列，用于预先将指令取到指令队列中排队。指令预取技术的实现是基于访内周期往往是很短的。在"执行指令"期间，"取数"时间很短，在这段时间内存储器会有空闲，这时只要指令队列空闲，就可以将一条指令取来。这样，当开始执行指令 K 时就可以同时开始对指令 $K+1$ 的解释，即任何时候都是"执行 K"与"分析 $K+1$"的重叠。

6.8 在流水线中相关处理的方法有哪些？你自己有无创新的方法？

解：指令间的相关(instruction dependency)是指由于一段机器语言程序的相近指令之间出现了某种关联,使它们不能同时被解释,造成指令流水线出现停顿,从而影响指令流水线的效率。指令间的相关发生在一条指令要用到前面一条(或几条)指令的结果,因而必须等待它们流过流水线后才能执行。这些现象在重叠方式下也会发生,但由于流水是同时解释多条指令,所以相关状况比重叠机器复杂得多。指令间的相关大体可分为控制相关(control dependency)和数据相关(data dependency)两种。

(1) 控制相关。

当一条指令要等前一条(或几条)指令作出转移方向的决定后才能开始进入流水线时,便发生控制相关。典型的情况是条件转移指令:一条条件转移指令必须等待前面指令有结果后,才能让其下一条指令进入流水线。由于转移指令的使用频度约占执行指令总数的 $1/5\sim1/4$,仅次于传送类指令,所以转移指令对流水线的设计有较大影响。如果转移成功,要引入新的指令流;如果转移不成功,流水线上也无多少指令(流水线较长时,可能有少许指令流入),这样等确定后的指令流到执行部件时,执行部件已经停止作业一段时间。

(2) 数据相关。

数据相关发生在几条相近的指令间共用同一个存储单元或寄存器时。例如,某条流经指令部件的指令,为计算操作数地址要用到一个通用寄存器的内容,而产生这个通用寄存器的内容的指令还没有进入执行部件,这时指令部件中的流水作业只能暂停等待。数相关有3种情形,读-写相关(先写后读,Read After Write,RAW)、写-读相关(先读后写,Write After Read,WAR)、写-写相关(先写后写,Write After Write,WAW)。它们的发生与流水线的控制方式有关。

6.9 从下列有关 RISC 的描述中选择正确的描述。

(1) RISC 技术是一种返璞归真的技术,经过指令系统不断复杂化的进程,使指令系统又恢复到原来的简单指令系统。

(2) RISC 的指令系统是从复杂指令系统中挑选出的一些指令的集合。

(3) RISC 单周期执行的目标是使在采用流水线结构的计算机中,大体上每个机器周期能完成一条指令,而不是每条指令只需一个机器周期就能完成。

(4) RISC 的指令很短,以保证每个机器周期能完成一条指令。

(5) RISC 需要采用编译优化技术来减少程序运行的时间。

(6) RISC 采用延迟转移的办法来缓解转移指令所造成的流水线组织阻塞的情况。

(7) 由 RISC 的发展趋势可以得出一个结论:计算机的指令系统越简单越好。

解：(1)、(3)、(5)正确,其余错误。

6.10 向量流水处理机与阵列处理机在技术上有何不同与联系?

解：向量流水处理机主要采用的是时间重叠技术,把处理过程分成多个段,使所做的处理能在一套硬件设备的各个部分分时使用,以提高硬件的利用率而赢得高速度。阵列处理机则采用的是资源重复技术,把处理过程分成多个任务,分别提交给不同的部件执行,从而提高处理速度。向量流水处理机与阵列处理机都是开发操作级并行性的处理机结构,都是并行处理机。

6.11 什么是同构型多处理机系统？什么是异构型多处理机系统？

解：把由多个同类型，至少是同功能的处理机组成的多机系统称为同构型的多机系统。把由多个不同类型的，至少是担负不同功能的处理机组成的多机系统称为异构型的多机系统。同构型的多机系统可同时处理同一程序中能并行执行的多个任务；异构型的多机系统能分别执行系统中的不同功能，相对独立地并行工作，协同完成一个或几个任务。

6.12 查阅资料，进行下面的分析。

(1) Intel 处理器在微体系结构上的进步。

(2) AMD 处理器在微体系结构上的进步。

(3) Power 系列处理器在微体系结构上的进步。

(4) 几种最新 CPU 芯片在体系结构上的优缺点。

解：略。

6.13 查阅资料，进行下面的分析。

(1) 几种典型的 SMP 解决方案比较。

(2) 几种典型的 SMT 解决方案比较。

(3) 几种典型的 HT 解决方案比较。

解：略。

6.3 自测练习

6.3.1 选择题

1. 指令的重叠解释方式与顺序解释方式比较，可以提高_____指令的执行速度。

    A. 一条   B. 多条   C. 三条   D. 两条

2. 流水线按_____可分为线性流水和非线性流水。

    A. 连接方式   B. 功能   C. 工作方式   D. 处理机级别

3. 在 K 个功能段的线性流水线上完成 $K-1$ 个任务，其最差的性能指标可能为_____。

    A. 最大吞吐率   B. 效率   C. 实际吞吐率   D. 加速比

4. 在向量处理方式中，_____是可采取的数据处理方式。

    A. 纵横向处理   B. 纵向处理   C. 横向处理   D. 以上都可以

5. 在流水线中各功能段之间不存在反馈回路，则是_____流水线。

    A. 数据流计算机 B. 线性   C. 多功能   D. 非线性

6. 一次重叠是执行第_____条指令与分析第 $K+1$ 条指令在时间上重叠。这是一种_____的重叠方式。

    A. $K-1$ B. K C. $K+1$ D. 以上都不对

7. 在流水线中各功能段之间存在反馈回路，则是_____流水线。

    A. 线性   B. 多功能   C. 数据流   D. 非线性

8. 多处理机的操作系统有主从型、各自独立型和_____。

    A. 网络型　　　　B. 浮动型　　　　C. 分时型　　　　D. 以上都不对

9. 从广义上说，数据流计算机是基于异步性和_____。

    A. 组件　　　　　B. 元件　　　　　C. 函数性　　　　D. CMOS

10. 多处理机的紧耦合是指_____。

    A. 信息共享　　　B. 数据共享　　　C. 主存共享　　　D. 以上都不对

6.3.2　填空题

1. 单功能流水线是_____。

2. 在同一时间或不同时间能完成多个功能的是_____流水线。

3. 在同一时间内流水线只能以一种方式工作，则它是_____。

4. 动态流水线能在同一时间内连接不同的功能子集，以完成不同的_____功能。

5. 全局控制相关是进入流水线的转移指令（特别是条件转移指令）与其_____之间的相关。

6. 只发生在相邻或相近的几条指令之间的相关，其影响范围是局部的。它包括主存资源相关和寄存器数据相关，是_____。

7. 先行控制包括_____和预处理技术。

8. 向量流水技术是向量数据表示与_____的结合。

9. _____是在处理机内部重复设置多套功能部件组成的多条流水线，以保证一个时钟周期同时发送多条指令。

10. 并行性包含同时性（simultaneity）和_____。

11. 并行性是指多个事件在_____发生。

12. 并发性是指两个或多个事件在_____发生。

6.3.3　简答题

1. 一个线性流水线，各段执行时间如图 6.2 所示。求流水线最大吞吐率和连续输入 n 个对象的实际吞吐率。

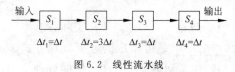

图 6.2　线性流水线

2. 叙述并行性的开发。

3. 一条指令可分为取指、分析与执行 3 个阶段，每一阶段的时间为 t、$2t$ 和 $3t$；分别写出在以下情况下连续执行 n 条指令所需要的时间。

（1）顺序执行。

（2）取指令和执行重叠。

（3）取指令、分析和执行重叠。

4. 分析下面两程序段执行时的并行度。

(1)

```
MOV  BL,5
ADD  AX,0123H
ADD  CI,AH
```

(2)

```
INC  AX
ADD  AX,BX
MOV  DS,AX
```

5. 非线性流水线处理机需经 5 个功能段才能完成一个任务,它的预约表如表 6.1 所示,写出流水线禁止表(所有功能段禁止间隔拍数)的集合。

表 6.1　预约表

时间 T	1	2	3	4	5	6	7	8	9
功能段 1	√							√	
功能段 2		√	√					√	
功能段 3			√						√
功能段 4				√					
功能段 5					√	√			

6. 现有一条 3 段流水线,各段执行时间为 t、$3t$ 和 t。计算连续输入 5 条指令和连续输入 50 条指令时的实际吞吐率和效率。

7. 描述 Flynn 分类法。

6.4　自测练习参考答案

6.4.1　选择题参考答案

1. B　2. A　3. B　4. AB　5. B　6. BB　7. D　8. B　9. C
10. B

6.4.2　填空题参考答案

1. 只能完成一种运算或处理功能的流水线。

2. 多功能

3. 静态流水线

4. 运算或处理

5. 后续指令

6. 局部性相关

7. 缓冲技术

8. 流水技术

9. 超标量处理机

10. 并发性(concurrency)

11. 同一时刻

12. 同一时间间隔内

6.4.3 简答题参考答案

1. **解**：连续输入 n 个对象的实际吞吐率为

$$TP = \frac{n}{6\Delta t + (n-1) \cdot 3\Delta t} = \frac{n}{3(n+1)\Delta t}$$

流水线最大吞吐率为

$$TP_{max} = \frac{1}{3\Delta t}$$

2. **解**：并行性的开发主要从时间重叠、资源重复、资源共享 3 个方面展开。

3. **解**：参考习题 5.28。

(1) 顺序执行。每条指令用时间为 $t+2t+3t=6t$，则 n 条指令的完成时间为 $6t$。

(2) 取指令和执行重叠。第一条指令的完成时间为 $t+2t+3t=6t$；取下一条指令的时间与执行上一条指令的时间 $3t$ 中最后一个 t 重叠，即从第二条指令起，完成一条指令需要的时间为 $5t$。所以 n 条指令的完成时间为 $6t+5(n-1)t=(5n+1)t$。

(3) 取指令、分析和执行重叠。第一条指令的完成时间为 $t+2t+3t=6t$；取下一条指令的时间与上一条指令的分析与执行阶段的 $5t$ 重叠，即从第二条指令起，完成一条指令需要的时间为 t。所以 n 条指令的完成时间为 $6t+(n-1)t=(n+5)t$。

4. **解**：在程序段(1)中，3 条指令是互相独立的，它们之间不存在数据相关，存在指令级并行性，程序段并行度为 3。

在程序段(2) 中，3 条指令间存在相关性，不能并行执行，程序段的指令只能逐条执行，并行度为 1。超级标量机不能对指令的执行次序进行重新安排，对这种情况可以通过编译程序采取优化技术，在将高级语言程序翻译成机器语言时，进行精心安排，把能并行执行的指令搭配起来，挖掘更多的指令并行性。

5. **解**：这是一个典型的非线性流水线调度问题。

功能段 1 的禁止间隔拍数为 $8-1=7$。

功能段 2 的禁止间隔拍数为 $8-2=6$、$8-3=5$ 和 $3-2=1$。

功能段 3 的禁止间隔拍数为 $9-3=6$。

功能段 4 没有禁止间隔拍数，即任何时间进入都不会有冲突。

功能段 5 的禁止间隔拍数为 $6-5=1$。

流水线禁止表是所有功能段禁止间隔拍数的集合，即为 $[1,5,6,7]$。

6. **解**：设流水线由 m 段组成，完成 n 个任务的实际吞吐率 TP 和效率 E 可计算如下：

$$TP = \frac{n}{\sum_{i=1}^{m} \Delta t_i + (n-1)\Delta t_j}$$

$$E = \text{TP} \dfrac{\displaystyle\sum_{i=1}^{m} \Delta t_i}{m}$$

其中，Δt_j 为最慢一段所需时间。

连续输入 5 条指令时：

$$\text{TP} = \frac{5}{(t + 3t + t) + (5 - 1) \times 3t} = \frac{5}{17t} = 0.294 t^{-1}$$

$$E = \frac{5(t + 3t + t)}{3[(t + 3t + t) + (5 - 1) \times 3t]} = 0.49$$

连续输入 50 条指令：

$$\text{TP} = \frac{50}{(t + 3t + t) + (50 - 1) \times 3t} = \frac{50}{152t} = 0.329\ t^{-1}$$

$$E = \frac{50(t + 3t + t)}{3[(t + 3t + t) + (50 - 1) \times 3t]} = 0.548$$

可见，连续流入的处理对象越多，实际吞吐率越高，效率也越高。

7. **解**：1966 年 M. J. Flynn 提出了一种按信息处理特征的计算机分类方法，即按指令流和数据流对计算机进行分类的方法。他首先引入了下列定义：

• 指令流：机器执行的指令序列。

• 数据流：由指令流调用的数据序列（包括输入数据和中间结果）。

• 多倍性：在系统受限制的元件上处于同一执行阶段的指令或数据的最大可能个数。

参 考 文 献

[1] 张基温. 计算机组成原理教程[M]. 6 版. 北京：清华大学出版社,2016.

[2] 张基温,孙仲美,李爱军. 计算机组成原理教程习题解析[M]. 北京：清华大学出版社,2008.

[3] 白中英,戴志涛. 计算机组成原理[M]. 5 版. 北京：科学出版社,2013.

[4] 严云洋. 计算机组成原理[M]. 北京：科学出版社,2011.

[5] 全国硕士研究生入学考试计算机专业基础联考命题研究组. 全国硕士研究生入学考试计算机专业统考过关必练.考点分类训练与解析 [M]. 北京：电子工业出版社,2009.

[6] 周伟.计算机组成原理高分笔记[M]. 2015 版. 北京：机械工业出版社,2014.

[7] 蒋本珊. 计算机组成原理学习指导与习题解析[M]. 3 版. 北京：清华大学出版社,2014.

[8] 王爱英,杨蔚明. 计算机组成与结构(第 5 版)习题详解、实验和 CPU 设计指导[M]. 北京：清华大学出版社,2014.